■ 半導体テスタ

■ ワイヤレスミニTV送信器

■ 念力判定器

■ 可変速LED点滅器

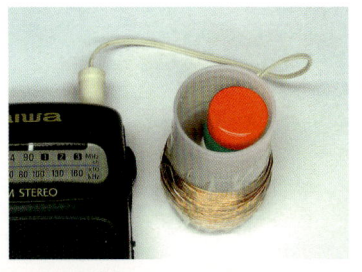
■ 自作ミニスピーカ

■ お風呂ブザー

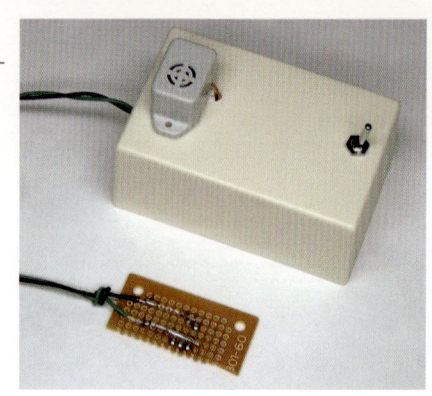

■ 電気びっくり箱

■ 集音アンプ

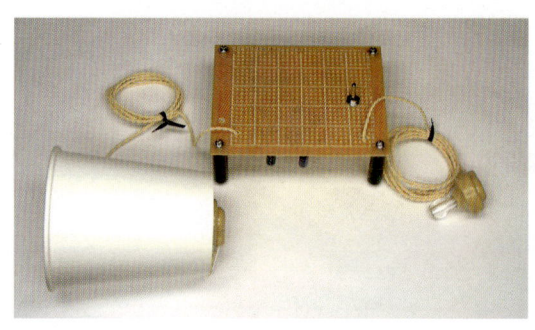

■ 鉱石ラジオ

■ オーディオフィルタ

はじめに

　科学の進歩によって，私たちの生活は大変暮らしやすくなってきました。ラジオやテレビが開発され，多くの人たちは，居ながらにして世界の出来事をリアルタイムに知ることができるようになり，また，コンピュータの普及で，インターネットやゲームなど，家族で楽しむ時代にもなってきました。これらは，エレクトロニクス(電子工学)の発展によるものなのです。

　私たちの家庭や身近にある電化製品にもマイクロコンピュータチップがふんだんに使用され，ポット，炊飯器，エアコン，冷蔵庫，洗濯機，…と，数え上げたらきりがありません。まさに，私たちはエレクトロニクスの世界に囲まれて生活しているのです。

　このエレクトロニクスを少しでも手づくりで体験するために，本書を著しました。やさしい工作を進めながら，エレクトロニクスの原理や基本を身につけることができます。いろいろと使えるものを選びましたので，工作後は工夫して新しい使い方を考えてみてください。

　2000年3月

西田　和明

も く じ

1 エレクトロニクス回路になじもう ………………………… 1
1.1 エレクトロニクス部品のいろいろ ……………………… 1
- 1.1.1 抵抗器 ……………………………………………… 1
- 1.1.2 コンデンサ ………………………………………… 5
- 1.1.3 ダイオード ………………………………………… 8
- 1.1.4 トランジスタ ……………………………………… 10
- 1.1.5 IC（集積回路） …………………………………… 12
- 1.1.6 CdSセル（光電セル） ……………………………… 14
- 1.1.7 電 池 ……………………………………………… 15

2 エレクトロニクス工作入門 ………………………………… 21

3 エレクトロニクス工作をしよう …………………………… 28
3.1 光の回路 …………………………………………………… 33
- 3.1.1 ネオンランプといろいろな点滅器 ……………… 33
- 3.1.2 LED点滅器 ………………………………………… 40
- 3.1.3 光るモニター ……………………………………… 49
- 3.1.4 マスコット蛍光灯 ………………………………… 52
- 3.1.5 光制御のLED発光器 ……………………………… 55

3.2 音の回路 …………………………………………………… 58
- 3.2.1 電子オルガン ……………………………………… 58

  3.2.2　お風呂ブザー ……………………………………………… 62
  3.2.3　集音アンプ …………………………………………………… 64
  3.2.4　音の出るタイマー …………………………………………… 66
  3.2.5　し張発振器で楽しむ ………………………………………… 69
  3.2.6　PUTのさえずり発振器 ……………………………………… 72
  3.2.7　C-MOS ICを使った低周波発振器 ………………………… 74
 3.3　電波の回路 …………………………………………………………… 79
  3.3.1　鉱石ラジオ …………………………………………………… 80
  3.3.2　レフレックスラジオ ………………………………………… 85
  3.3.3　AM（中波帯）ワイヤレスブザー …………………………… 88
  3.3.4　FMワイヤレスブザーとワイヤレスマイク ……………… 92
  3.3.5　ワイヤレスミニTV送信器 ………………………………… 98
 3.4　かわいいIC回路のいろいろ ……………………………………… 101
  3.4.1　NE 555 ……………………………………………………… 101
  3.4.2　LM 380とLM 386 ………………………………………… 108
 3.5　アイデア回路 ……………………………………………………… 113
  3.5.1　自作ミニスピーカ ………………………………………… 113
  3.5.2　電気びっくり箱 …………………………………………… 115
  3.5.3　簡易LCフィルタ ………………………………………… 117
  3.5.4　オーディオフィルタ ……………………………………… 121
  3.5.5　念力判定器 ………………………………………………… 123
  3.5.6　ランプ表示付き雨だれ音発生器 ………………………… 134
  3.5.7　半導体テスタ ……………………………………………… 135

索　　引 ……………………………………………………………………… 142

 エレクトロニクス回路になじもう

エレクトロニクス工作をはじめるには，電気回路を組み立てる前に，回路を構成する電気部品や機構部品についての知識が必要です。

はじめてエレクトロニクス工作をする人にとって，ビックリするような内容かも知れませんが，一度覚えてしまえば，単純・明快なものですから，心配することはありません。ほんの基礎知識で十分ですから，基本だけは覚えましょう。

ここでは，エレクトロニクス工作でよく使用する項目だけに絞って説明します。実力がつきましたら，いろいろな専門書などでステップアップしてみてください。

1.1 エレクトロニクス部品のいろいろ ──●

1.1.1 抵抗器

■ 固定抵抗器

エレクトロニクス工作でいちばん使用される部品は，**固定抵抗器**です。読んで

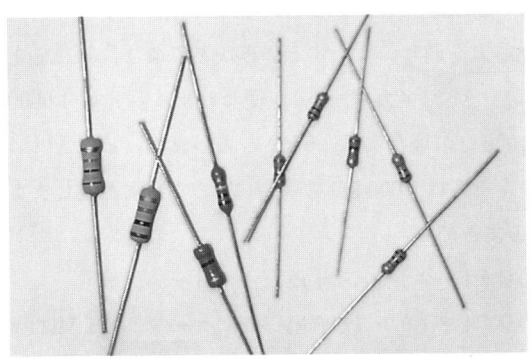

写真 1.1　いろいろな固定抵抗器

字のとおり回路に流れる電気を流れにくくする働きをします。一般的に**抵抗**と呼んでいます。英語名でResistor(レジスター)と呼ばれ，その英語の頭文字をとってRと書きます。

エレクトロニクス工作では，固定抵抗の中でも一番安い**カーボン**(炭素が原料)**抵抗**を多く使います。このほかに，抵抗値精度が高く，計測器などに用いられる**金属皮膜抵抗**，大電力用の**セメント抵抗**や**巻線抵抗**，**ホーロー抵抗**などがあります。

固定抵抗の電気記号は図1.1に示されるとおり，ギザギザの山形です。

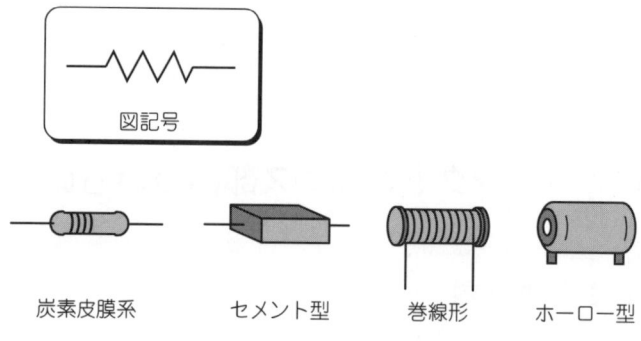

図 1.1 各種固定抵抗と電気記号

■ 抵抗のカラーコード

抵抗の割合は"**抵抗値**"で表します。単位としてΩ(**オーム**)が使われ，数値が大きくなるほど電気を通しにくくする働きがあります。抵抗値が大きくなると，kΩ(**キロオーム**)やMΩ(**メガオーム**)が使われます。kは1 000(千)を表す単位で，たとえば5 000 Ωの場合には，5 kΩと表します。またMは1 000 000(百万)を表す単位で，たとえば1 000 kΩの場合には，1 MΩと表します。

● 抵抗の単位のまとめ

$$1\,000\,\Omega(オーム) = 1\,k\Omega(キロオーム)$$
$$1\,000\,000\,\Omega(オーム) = 1\,000\,k\Omega(キロオーム) = 1\,M\Omega(メガオーム)$$

カーボン抵抗などの小型の抵抗には，抵抗値を印刷するスペースがないため，

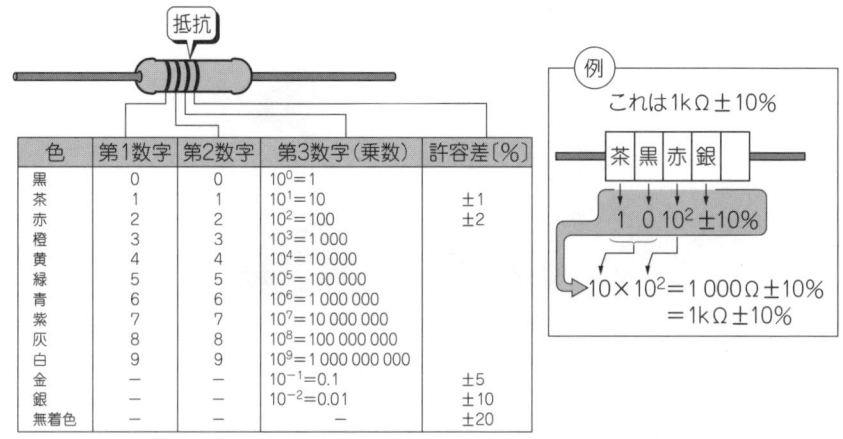

図1.2 抵抗のカラーコードの読み方

表1.1 カラーコードのおぼえ方

番号	色	覚え言葉	番号	色	覚え言葉
0	黒	黒い礼〔0〕服	5	緑	五月ミドリ
1	茶	小林一〔1〕茶	6	青	無声〔6青〕映画
2	赤	赤いに〔2〕んじん	7	紫	紫式〔7〕部
3	橙	み〔3〕かんはダイダイ	8	灰	ハイヤ〔8〕ー
4	黄	四季〔黄〕の色	9	白	ホワイトク〔9〕リスマス

抵抗表面に色の帯(**カラーコード**：色符号)をつけて，抵抗値がわかるようにしています。抵抗のカラーコードの読み方を図1.2に示します。覚えるようにしましょう。表1.1のように色と数値との対応を"ゴロ合わせ法"を使用すると，暗記しやすいかもしれません。

可変抵抗器と半固定抵抗器

抵抗値を連続して変えることのできる抵抗のことを**可変抵抗器**(ボリューム)と呼びます。図1.3のように，可変抵抗器には，軸(シャフト)やレバーがついています。これを回転したりスライドさせて抵抗値を変えるわけです。

調整で一度セットしたら，抵抗値を動かさない場合には，**半固定抵抗器**を使い

4　1　エレクトロニクス回路になじもう

写真 1.2　可変抵抗器と半固定抵抗器

シャフト形　　スライド形　　伏形　　　立形　　　ポテンショメータ
　　　　　　　　　　　　　（半固定）　（半固定）　（精密用半固定）

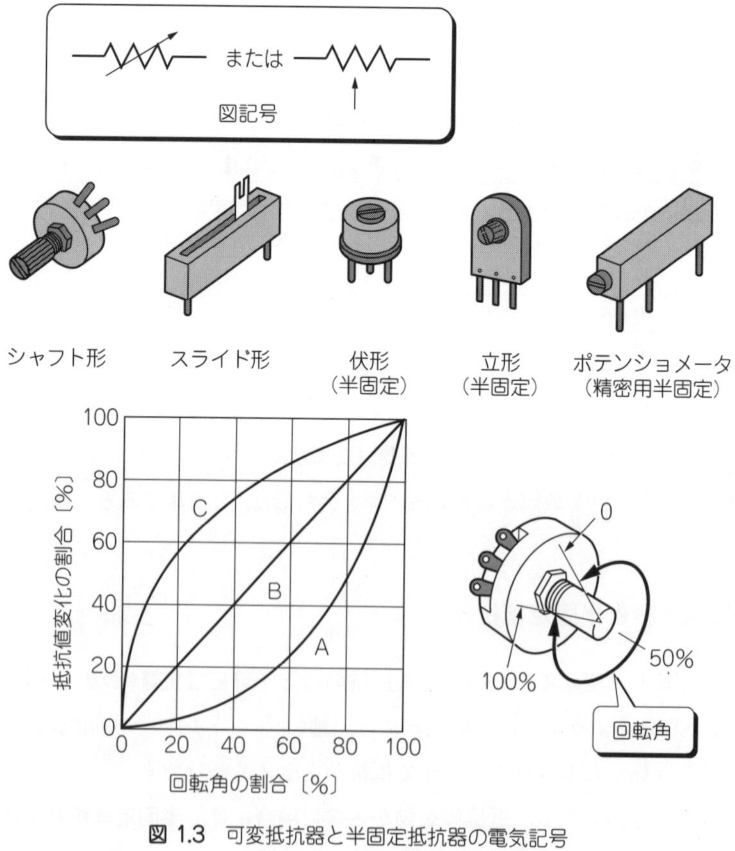

図 1.3　可変抵抗器と半固定抵抗器の電気記号

ます。半固定抵抗器は可変抵抗器のような長いシャフトがありません。マイナスドライバーで短いシャフトを回転して抵抗値を変化します。可変抵抗器と半固定抵抗器の電気記号は，図1.3に示されるとおり，固定抵抗の電気記号の上に，斜めの矢印が加えられたり，直角の矢印が加えられます。

1.1.2　コンデンサ

● 固定コンデンサ

コンデンサは，向かいあった2枚の金属板に絶縁物（電気を通さない物）をはさんだもので，直流電気を蓄えたり，交流を通過させる機能をもっています。コンデンサの電気記号は，図1.4に示されるとおりで，その構造をそのまま記号にしています。一般的にコンデンサというと固定コンデンサのことをさします。略語は英語のCondenserの頭文字をとってCと書きます。

蓄えられる電気の量は，F（**ファラド**）という単位で表します。エレクトロニクス工作で使用するコンデンサは，0.00000001Fといった小さな値がほとんどなため，小さな値を表す補助単位の μ（マイクロ：10^{-6}）やp（ピコ：10^{-12}）を使います。

● コンデンサの単位のまとめ

$$1\text{F} = 1\,000\,000\,\mu\text{F}（マイクロファラド）$$
$$= 1\,000\,000\,000\,000\,\text{pF}（ピコファラド）$$
$$1\,\mu\text{F} = 1\,000\,000\,\text{pF}$$

図記号　　マイラー形　セラミック形　電解形

図 1.4　コンデンサの記号

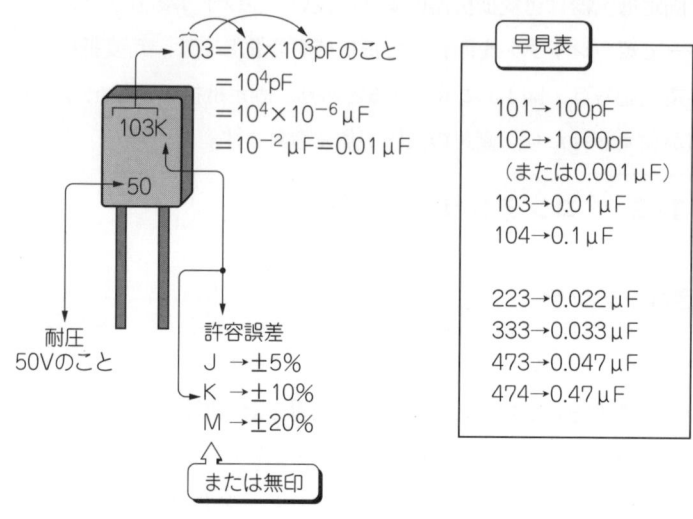

図 1.5 コンデンサの容量表示

$$0.000001\mu\text{F} = 1\text{pF}$$

抵抗値をカラーコードで表示するように，小型のコンデンサも3桁の数字で簡略化してコンデンサの表面に容量を表示することがあります。この場合は図1.5のような方法で，容量を計算します。

■ コンデンサのいろいろ

よく使われるコンデンサには，マイラコンデンサ，スチロールコンデンサ，セラミックコンデンサ，電解コンデンサがあります。

マイラコンデンサは，一般的によく使用されるコンデンサです。低周波発振器やリレー回路，ラジオなどによく使用されます。**スチロールコンデンサ**は，温度的な特性がよく小容量のものが揃えられています。ラジオの同調回路や高周波発振回路などに使用されます。**セラミックコンデンサ**は低周波から高周波まで広範囲に使用できますが，温度的な特性がいろいろありますので注意します。**電解コンデンサ**は小型ながら，ほかのものに比べて大容量が得られるもので，化学変化を利用したコンデンサです。化学変化という意味で，**ケミカルコンデンサ**（略し

1.1 エレクトロニクス部品のいろいろ　　7

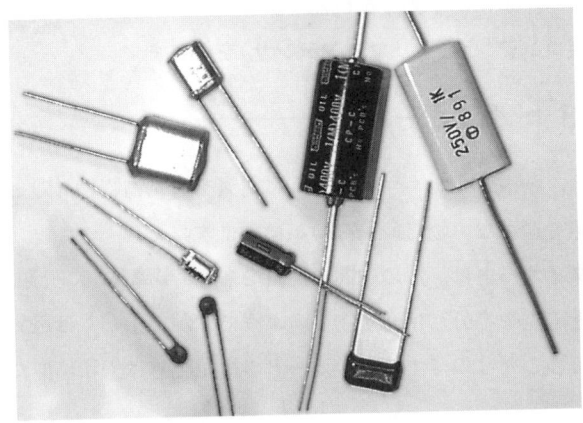

写真 1.3　コンデンサのいろいろ

て**ケミコン**)とも呼びます。電解コンデンサはリード線のプラスとマイナスが決まっている(極性があるという意味です)ので，取り付けるとき，注意が必要です。

■ 可変コンデンサと半固定コンデンサ

可変抵抗器(ボリューム)と同じように容量が変えられるコンデンサのことを，**可変(バリアブル)コンデンサ**，略して**バリコン**と呼び，ラジオの同調回路などに

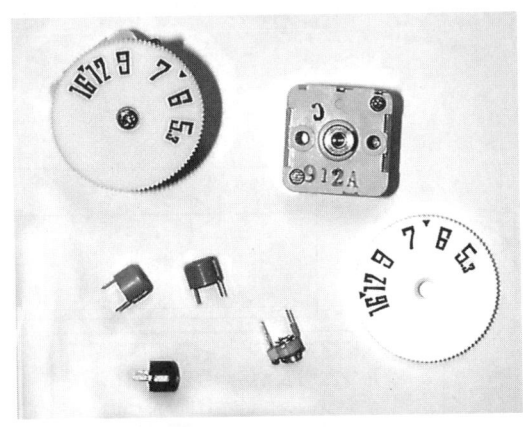

写真 1.4　可変コンデンサとトリマコンデンサ

使われています。また，半固定抵抗器のように，一度設定したら動かさない場合には，**半固定コンデンサ(トリマコンデンサ)**を使います。

1.1.3 ダイオード

自然界には，鉄やアルミニウムのように電気を通す物質(導体)と空気やガラスのように電気を通さない物質(不導体)があります。

ところが**ダイオード**は，この中間の性質をもつ"**半導体**"に分類されます。半導体というと電気を半分だけ通す物質のようですが，正しくは電気をある方向にだけ通す物質のことなのです。ダイオードの電気記号は矢印に似た形をしていて

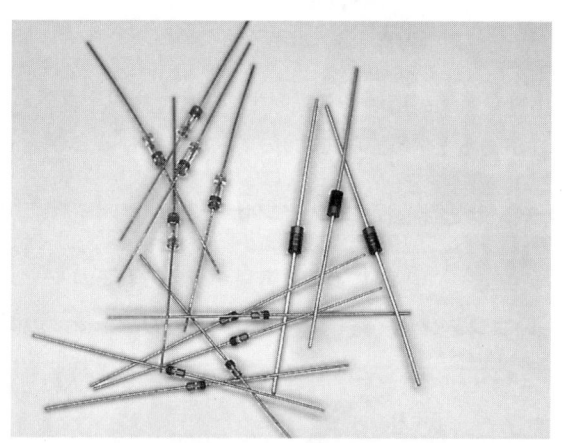

写真 1.5 ダイオードのいろいろ

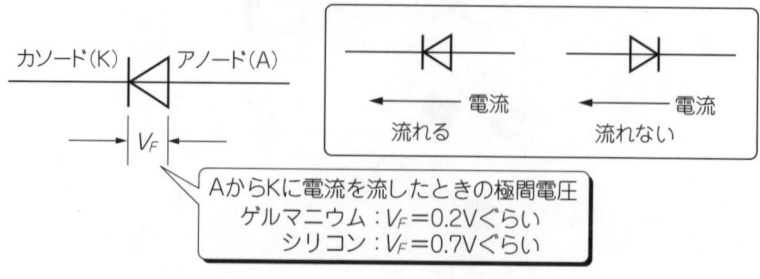

図 1.6 ダイオードの記号と極性

(図 1.6)，矢の方向にだけ電気を通すことを表しています．略号は英語の Diode の頭文字をとって D と書きます．

■ ダイオードの使用上の注意

エレクトロニクス工作でダイオードを使うときは，取り付ける方向に注意しなければなりません．逆にすると作品がうまく動作しないばかりでなく，ほかの部品まで壊してしまうことがあるからです．実際のダイオードには，部品の外側に棒印のマークが描いてあり，電流の方向がわかるようになっています．エレクトロニクス工作では，ゲルマニウムダイオードとシリコンダイオードをよく使います．電波を検波するには**ゲルマニウムダイオード**を，電源回路や制御回路には**シリコンダイオード**を使用します．

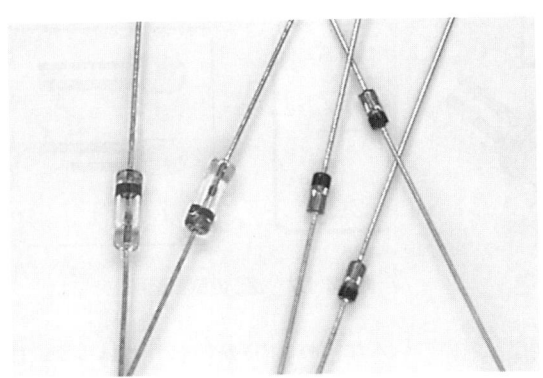

写真 1.6 ゲルマニウムダイオードとシリコンダイオード

■ 発光ダイオード

ダイオードの変わり種として，**LED**（エルイーディー：Light Emitting Diode）と呼ばれる**発光ダイオード**があります．シリコンにリンやガリウム，ヒ素などをしみ込ませてつくった"光る"ダイオードです．図 1.7 に LED の電気記号を示します．

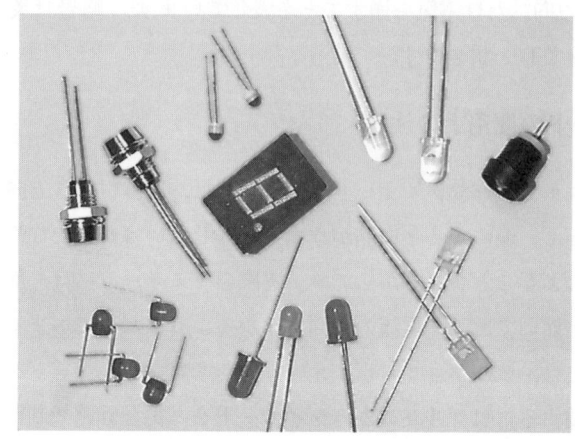

写真 1.7 発光ダイオード

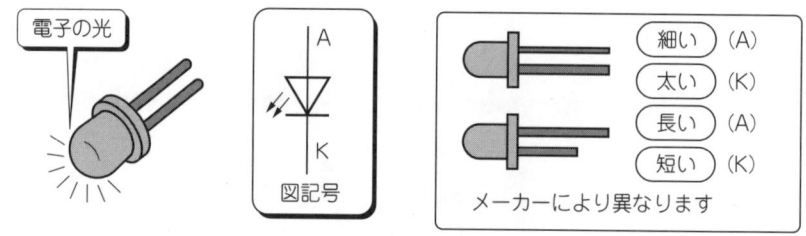

図 1.7 LEDの電気記号

　赤，黄，緑など，いろいろな色のLEDが使われています。LEDは寿命が長く，少ない電流で点灯するので，小型の電球の代わりに広く使われています。発光ダイオードも**アノード**と**カソード**の極性を逆に取り付けると，電気が流れませんので光りません。発光ダイオードの取り付け方向の見分け方を図1.7に示します。

1.1.4　トランジスタ

　トランジスタ(Transistor)は，3本の足をもった半導体で，電気を増幅する働きがあります。略号はTrと書きますが，電気の流れる方向の違いによって，PNP型とNPN型の二つの種類があります。図1.8に示されるとおり，電気記号

1.1 エレクトロニクス部品のいろいろ 11

写真 1.8　トランジスタのいろいろ

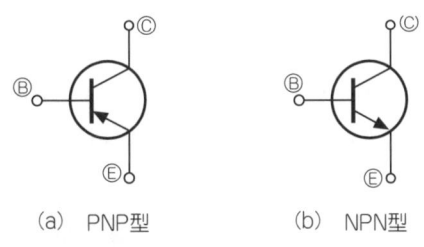

(a) PNP型　　　(b) NPN型

図 1.8　トランジスタの外観と電気記号

も異なっています。

　トランジスタの3本の足は，それぞれ**エミッタ**(E)，**コレクタ**(C)，**ベース**(B)と呼ばれています。それぞれ電流の流れる方向がありますから，取り付け方向には注意しましょう。

　トランジスタのことを，よく"石"と呼ぶことがあります。鉱石を原料にすることがあるからです。たとえば6石ラジオといえば，トランジスタを6個使ったラジオの意味で，石ころが6個入っているわけではありません。

トランジスタの動作原理

トランジスタは増幅する機能があるといいましたが，この動作原理をNPN型トランジスタを例にとって説明しましょう。

トランジスタには，それぞれに記される型番ごとに電気を増幅する能力（一般的に**電流増幅率**といいます）が決まっています。たとえば電流増幅率が100あるものは，入力（ベース電流）1に対して出力（コレクタ電流）が100ということで，100倍になることを意味します。

実際，トランジスタの増幅回路を考えるとき，バイアス電圧という問題を考えなくてはなりませんが，ここでは，単純に増幅を行うものがトランジスタと思ってください。

このほか，トランジスタの仲間に，**FET**（エフイーティー：Field Effect Transistor：電界効果型トランジスタ），**PUT**（プログラマブル・ユニ・ジャンクション・トランジスタ），**SCR**（エスシーアール：Silicon Controlled Rectifier：シリコン制御整流器）などが，エレクトロニクス工作によく使用されます。

写真1.9 FET, PUT, SCR

1.1.5 IC（集積回路）

小さな薄いシリコン板にトランジスタや抵抗，コンデンサに代わるものが回路的につくられ，複雑な回路を小さくしたものをIC（Integrated Circuit：集積回

1.1 エレクトロニクス部品のいろいろ **13**

写真 1.10　ICのいろいろ

写真 1.11　タイマIC "555" の外観

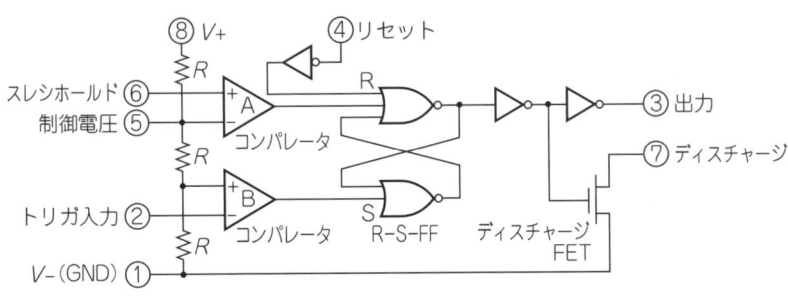

図 1.9　タイマIC "555" の等価回路

路)といいます。

　小型のICでも，トランジスタが数十個，抵抗数十個，コンデンサ数十個の機

能をもったものが手軽に買うことができます。作品をコンパクトに作るのに，大変役立ちます。

一例として，"555" と呼ばれるタイマー IC の外観とその中身を示す等価回路を図 1.9 に示します。

1.1.6 CdS セル（光電セル）

光を受けると内部抵抗値が低下する素子です。受光素子の材料は，硫化カドミウム(CdS)なので，CdS（シーディーエス）セルと呼ばれています。小型から大型のものまで市販されています。一般的には中型のものが使いやすく，工作品のサ

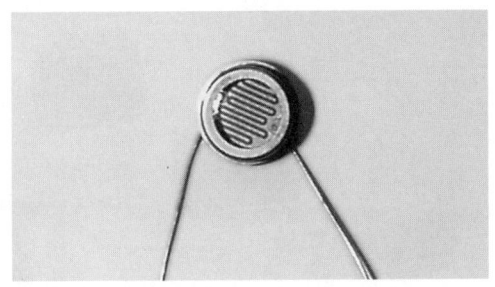

写真 1.12　CdSセル

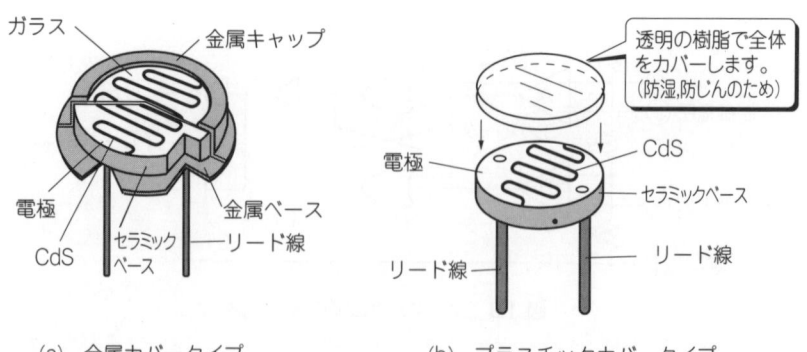

(a)　金属カバータイプ　　　(b)　プラスチックカバータイプ

図 1.10　CdSセルの構造

イズに合わせて選ぶとよいでしょう．

　光を入射したときの内部抵抗値が数 kΩ 以下，光を遮断したときの内部抵抗値が数十 kΩ 以上程度あれば，どこの製品でもかまいません．CdS の構造を図 1.10 に示します．

1.1.7　電　池

　エレクトロニクス工作でよく使用するマンガン乾電池，アルカリマンガン電池，ニッケルカドミウム電池について説明しましょう．それぞれ特長と上手な使い方がありますから，基礎知識として覚えておきましょう．

　電池は長い線と短い線を合わせた電気記号でおなじみです．エレクトロニクス工作でつくるセットには，電源となる電池はたいへん役立ちます．電池は大きく分けると，使いすで形の**一次電池**と，何回でも充電して再使用ができる**二次電池**があります．一次電池としては単 1，単 2，単 3，単 4，単 5 など，一般的なマン

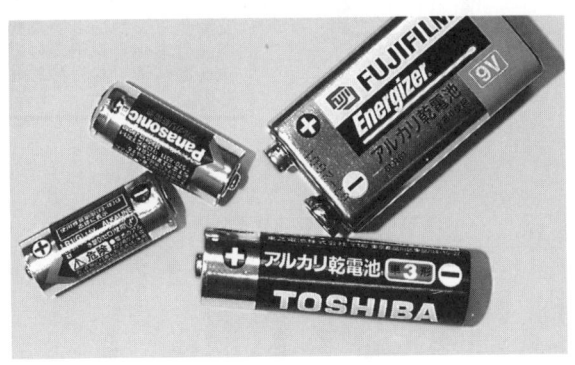

写真 1.13　電池のいろいろ

図 1.11　電池の図記号

ガン乾電池のほか，パワーのあるアルカリ電池などがあげられます。二次電池としては，ニッケルカドミウム電池(ニッカド電池)があります。

■ マンガン乾電池

マンガン乾電池は，亜鉛の筒に電解液を紙あるいは，デンプンでつくったノリに混ぜ合わせてつめ込んであります。中心部分はプラス電極としての炭素棒があ

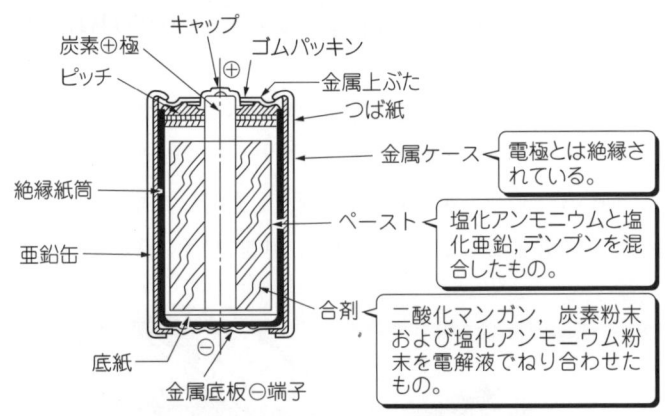

図 1.12 マンガン乾電池の構造

表1.2 各種マンガン乾電池の定格

種類	公称電圧〔V〕	重量(約)〔g〕	最大寸法〔mm〕	持続時間			放電条件			おもな用途
				初度〔分〕	貯蔵後〔分〕	貯蔵期間〔月〕	放電抵抗〔Ω〕	電圧放電終止〔V〕	放電方法	
単1	1.5	95	34.0φ×61.0	450	420	6	4	0.85	1日30分間，1週に5日	灯火，トランジスタラジオ，時計，ガス器具，玩具
単2		45	26.0φ×50.0	150	120	6	4	0.85		
単3		15	14.5φ×50.0	120	90	6	10	0.85		
単5		7	11.5φ×30.0	60	45	3	15	0.85	1日10分間，1週に5日	
積層006P	9	30	17.5×26.0×49.0	25	20	3	900	5.4	1日に4時間，1週に5日	トランジスタラジオ用

ります。この炭素棒には，長時間安定に使えるよう減極剤を炭素棒の周囲につめこんであります。このような構造にすると，化学反応によって，1.5Vの単位電池を得ることが可能です。

代表的なマンガン乾電池の構造を，図1.12に示します。また，9V用の乾電池として006Pという一次電池がありますが，これは**積層電池**というグループに入ります。表1.2にマンガン乾電池の特性例を示してありますから，参考にしてください。

● マンガン乾電池の上手な使い方

電池の寿命を長くするには，連続使用をせずに，断続的に使用するのがコツです。マンガン乾電池の使用方法による寿命カーブを図1.13に示してあります。この図からわかるとおり，同じ負荷条件では完全連続使用時に比べ，1日30分だけ使うほうが3倍以上も寿命が長くなります。この理由は，乾電池内で生成される不要物質が消滅するまでに時間がかかり，発生電圧の回復がうまくいくからです。ゆっくり休ませながら使用するのが上手な使い方です。

もう一つは，負荷によってマンガン乾電池の種類を選ぶことです。単1，単2，単3，単4などのいろいろな1.5Vの乾電池があります。表1.2の各種マンガン電

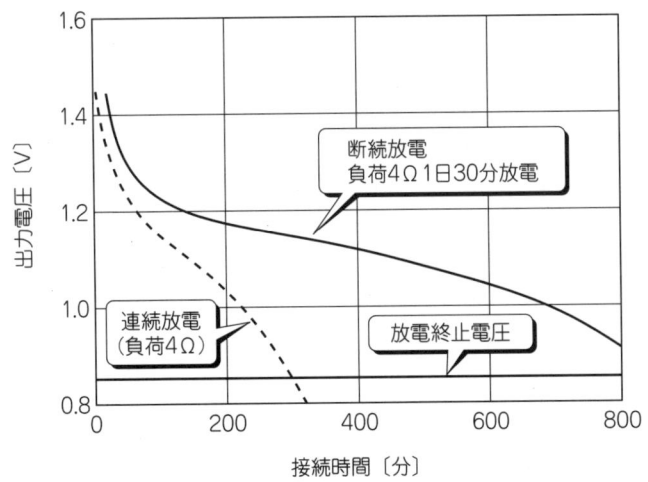

図 1.13　マンガン乾電池の上手な使い方

池の特性からわかるとおり，持続時間(寿命)が長く，放電抵抗が低い単1があります。これなどは，電流を多くとりたいときに最適です。

■ アルカリマンガン電池

アルカリマンガン電池は，通称"アルカリ電池"と呼ばれていて，安定した電

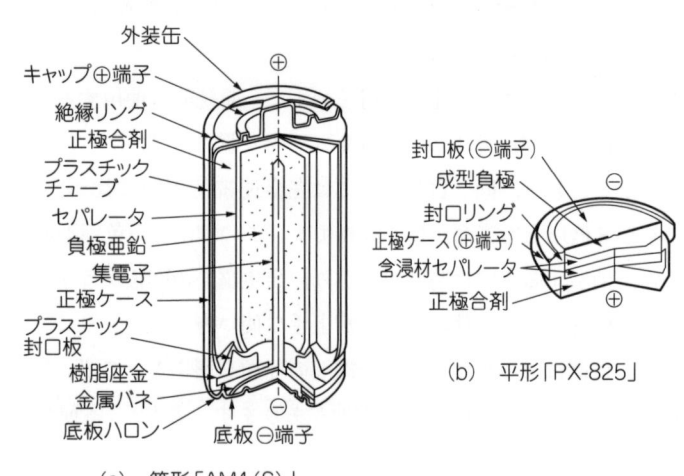

(a) 筒形「AM1(S)」

(b) 平形「PX-825」

図 1.14 アルカリマンガン電池の構造

表1.3 アルカリマンガン電池の定格

	品　　番	AM 1(S)	AM 2(S)	AM 3(S)	AM 4(S)	AM 5(S)	6 AM 6	PX-825	PX-30
電気特性	公称電圧〔V〕	1.5	1.5	1.5	1.5	1.5	9	1.5	3.0
	標準放電電圧〔mA〕	320	300	130	25	25	50	25	25
	公称容量〔h〕(終止電圧 0.9V)(標準持続時間)	4Ω連続放電 (30)	4Ω連続放電 (11.5)	10Ω連続放電 (11.0)	50Ω連続放電 (27)	50Ω連続放電 (19)	125Ω連続放電 5.4V(7)	50Ω連続放電 (11.0)	100Ω連続放電 (11.0)
	重　　量〔g〕	15	71	24	12	10	50	7.8	15.5
	端子様式 (JIS C 8501)	⊕PL-3 ⊖PL-2b	⊕PL-3 ⊖PL-2b	⊕PL-3 ⊖PL-2b	⊕PL-3 ⊖PL-2b	⊕PL-3 ⊖PL-2b	スナップ端子 SN-b2	⊕PL-2b ⊖PL-2b	⊕PL-2b ⊖PL-2b
	他社相当品	MN1300	MN1400	MN1500	MN2400	MN9100	MN1604	PX 825	PX 30
I E C		LR 20	LR 14	LR 6	LR 03	LR 1		LR 53	

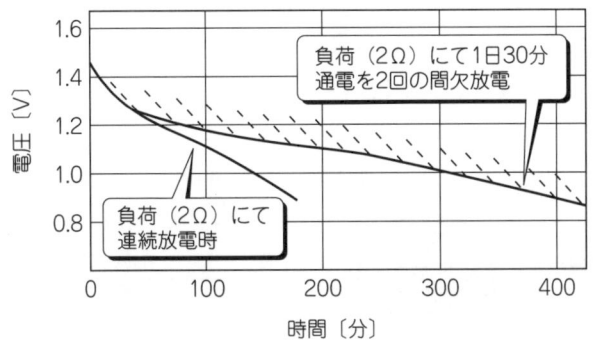

図 1.15 アルカリマンガン電池の放電特性

圧と電流が維持できる特長をもっています。電解液にカセイカリ水溶液を使用しているので，アルカリ電池の名があります。図1.14にアルカリマンガン電池の構造を，表1.3に電池の定格を示します。

また図1.15に放電特性を示しますが，この図からわかるとおり，アルカリマンガン電池は内部抵抗が小さいので，放電中の維持電圧が比較的フラット（平坦）になっており，かつ大電流を取り出すことが可能です。注意点として，構造上絶対に充電をしてはならないことになっています。

■ ニッケルカドミウム電池

通称"**ニッカド(Ni-Cd)電池**"と呼ばれ，携帯用の電子機器に好んで使用されています。マンガン乾電池などのような一次電池と異なり，大電流の取り出しや負荷による出力の安定性もよく，まして充電すれば何回でもくり返して利用できるので，経済的な電池といえます。一般的なニッカド電池（筒形）の構造を，図1.16に定格表を表1.4に示します。ニッカド電池には，普通の電池には見られない"安全弁"があるのが特長です。密封形のニッカド電池は，普通に使用している場合にはなにも心配することはありませんが，この電池をうっかりショートさせたり，あるいは逆極性で充電させたりすると，化学変化で異常ガスが発生し，電池ケースの圧力が高まる性質をもっています。

このままにしておくと電池ケースが変化したり，あるいは破裂などの事故が起こりますから危険です。そこで，危険をなくすために，"安全弁"が設けられているわけで，発生するガスをうまく抜いて危険を除く仕組みになっています。

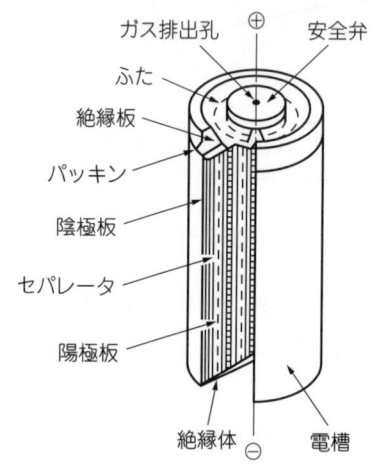

表1.4 ニッカド電池(筒形)の定格

公　称　電　圧	1.2V/セル
電　　　　　流	各種
重　　　　　量	各種
公　称　容　量	各種
使用適用温度範囲	放電 −20〜+45℃
	保存 −20〜+45℃
充電温度範囲	0〜45℃
標準充電電流	10時間率(0.1C)
充放電サイクル寿命	300サイクル以上(標準)

図 1.16 ニッカド電池(筒形)の構造

● ニッカド電池の上手な使い方

　使用していなくても1か月に一度は充電しましょう。ニッカド電池は，マンガン乾電池に比べて内部抵抗が小さいので，自然の自己放電が早く進行する性質があるからです。充電については，専用の充電器を使用すると簡単です。

　電池のサイズによって，充電電流が異なります。電池を直列接続して使用したり，あるいは充電を行う場合があります。そのときには，各ニッカド電池の電位差があまり極端に違うものを組み合わせるのは問題です。正常な電池の寿命を縮める原因になってしまいますので，組合せはバランスのとれたもの同士にしましょう。

2 エレクトロニクス工作入門

工具とその使い方

　快適なレクトロニクス工作をするには，最適な工具を揃えておかなければなりません。工作に"これだけは揃えたい工具"をお話ししましょう。次の6点です。

 電気ハンダゴテ

　電線や電子部品を接続するときには，ハンダを溶かして固着させます。そのハンダを溶かす工具が**電気ハンダゴテ**です。

　電気ハンダゴテの発熱部にあたるヒータの容量は，いろいろなものが市販されています。15W，20W，30Wとか80W，100W，…などいろいろあります。

　エレクトロニコス工作では，30W程度のものを用意すると，線材，抵抗，コンデンサ，トランジスタ，IC回路などに幅広く使用できて便利です。

　電気ハンダゴテを買うときには，コテ先がムクの銅棒ではなく，アルミニウム酸化物でコーティングされたり，メッキなどで耐蝕処理をしてあるものを選ぶのがコツです。

　コテ先の寿命が長いことと，使用時にいちいち磨く必要がないのです。逆に注意することがあります。この種のコテ先は耐蝕処理が表面にしてあるので，絶対

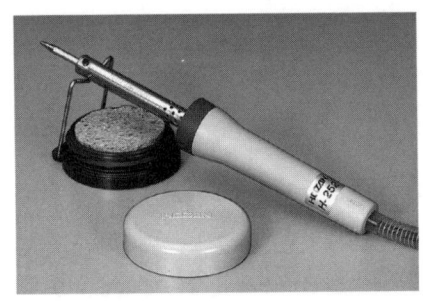

写真 2.1 電気ハンダゴテ

にヤスリで削ってはいけません。コテ先がだめになってしまいます。

コテ先をきれいにするには，ぬれた"ぞうきん"か水を含ませたスポンジでコテ先をこすればきれいになります。

■ ハンダ

電気ハンダゴテがあっても"ハンダ"がなければ，役に立ちません。

ハンダはヤニ(**フラックス**と呼んでいます)入りの**糸ハンダ**と呼ばれる細長いもので，直径が1mm程度のものがよいでしょう。工作の量にもよりますが，たくさん使うようでしたら，リール巻きのものを使うと価格的に得です。

もちろん少しずつ買ってもかまいません。くり返しますが，ヤニ入りハンダを使ってください。昔風にペーストという酸化物質を使ってハンダ付けすると，ペーストは強酸性の物質のため，あとで部品を腐食させて部品を破損させてしまいますから注意しましょう。

写真2.2　ハンダ

■ ニッパー

配線用線材を切断する専用の工具です。**ニッパー**はラジオペンチより鋭い刃先をもっているので，よく切れます。しかし，硬銅線やピアノ線などのかたいものを切断してしまうと，刃先がボロボロになってしまいますから注意しましょう。かたいものを切断するには，**電工ペンチ**という，シッカリした工具を使います。

写真 2.4 電工ペンチ

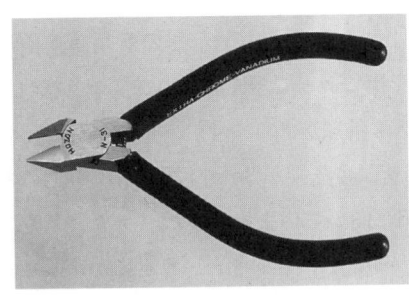

写真 2.3 ニッパー

　ニッパーは，刃先が重要ですから，かみ合わせのよいものでなければいけません。店先で買うときには，よく目で確かめましょう。

◾️ ラジオペンチ

　ラジオペンチ(ラジペン)はものをはさむ機能と，切断する機能をもった工具です。先端が細くなっていますから，狭いところで部品をつかんだりするのに便利です。ネジにナットをかけるときや，ナットを指で押さえたときにからまわりするのを防いだり，配線用線材を切断したり曲げたりする場合に，とても役立ちます。先が細くなっていますから，かたい材質のものを切断したり，曲げたりしてはいけません。ラジオペンチの先端を破損してしまいます。

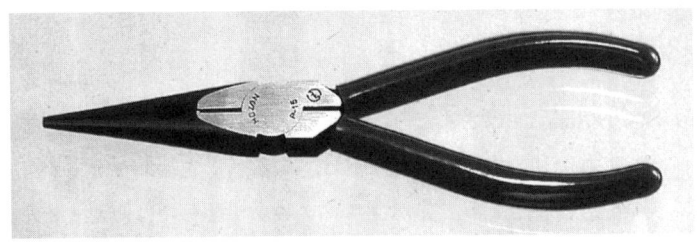

写真 2.5 ラジオペンチ

ドライバー

普通 **"ネジ回し"** と呼ばれるものです。小型のものと中型のものを用意するとよいでしょう。**ドライバー**はネジの頭の形状によって，先端が小さなヘラ状のマイナスネジ用と，十字型のプラスネジ用の2種類があります。

小型のものは，ツマミの固定ネジ(マイナスで先端が3mm程度)用，中型のものは一番使用されるネジ径3mmのビス用に向いています。また，マイナスやプラス，大きさがいろいろ組み合わされたドライバーセットというものが市販されていますから，これを用意しておくと便利だと思います。

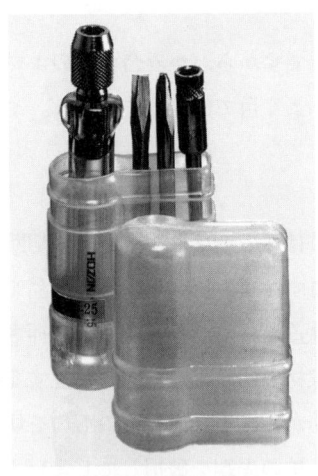

写真 2.6　ドライバー

ピンセット

ピンセットは小型部品をはさんだり，つまみ上げるときに必要です。また狭いところでの作業にも便利です。ピンセットは，なるべく先端部がしっかりした，コシの強いものを選びましょう。先がフニャフニャしたものは使えません。

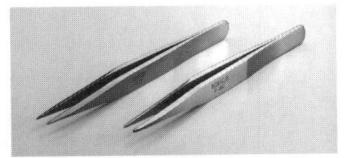

写真 2.7　ピンセット

■ ハンダ付け不要で結線ができる便利なブレッド・ボード

　実験的に回路をつくったり，動作確認をするのに便利な結線用基板で"ブレッド・ボード"と呼ばれるものがあります。

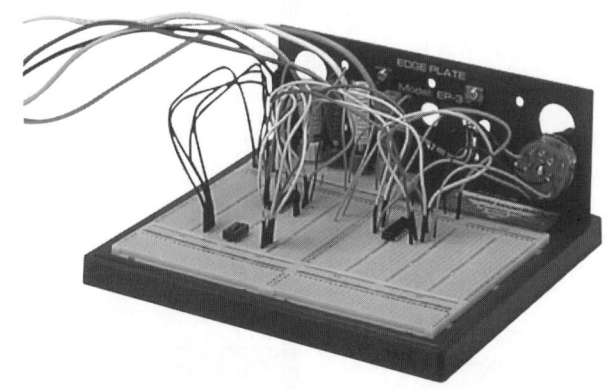

写真 2.8　ブレッドボードを使っての結線状況（サンハヤト製品）

　構造は，表面が電気部品のリード線(足)が差し込める穴が多数あいており，内部は各穴に接点が設けられ，各接点は縦方向または，横方向に接続されたパターンになっています。その穴にICやトランジスタ，ダイオード，抵抗，コンデンサ，…などのリード線(足)を差し込み，そのリード線間を**ジャンプワイヤ**と呼ばれる接続線を差し込んで，回路を組み立てるのです。ジャンプワイヤは，先端部が差し込みやすくするために，処理がされています。

　ブレッド・ボードは，乾電池などの電源さえ用意すれば，どんな場所でも回路実験ができますので，とても便利です。海外品や国産品が市販されていますが，

写真 2.9 ジャンプワイヤのセット例（サンハヤト製品）

国産のサンハヤト製品が安価で入手が容易ですので，おすすめです。

　また，ブレッド・ボードを使用した実験練習ボードも市販されています。ICやLEDなどが実装されており，すぐに回路結果が得られるというものです。もちろん，応用回路のマニュアル，ICや抵抗，コンデンサなどが添付されており，自習が簡単にできる便利なものです。写真はサンハヤト製品の小型ICトレーナー"CT-312"と呼ばれるものです。乾電池の電源ホルダーも準備されていて，携帯に便利です。

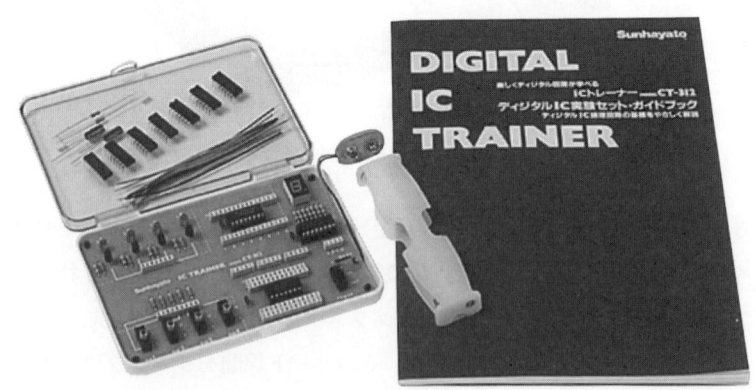

写真 2.10　CT-312

　また，2桁のLED数字表示器とその駆動部や，8個のLED出力部や入力部，クロック発振器，乾電池・定電圧電源などを備えた，完璧なICトレーナー"CT-

311"と呼ばれるものもあります。アナログ回路やデジタル回路のすべてに利用できます。用途に合わせて選ぶとよいでしょう。

写真 2.11　CT-311

◆ 写真提供

- **工具**（写真 2.1〜2.7）

  ホーザン株式会社

  URL　http://www.hozan.co.jp/

- **ブレッドボード**（写真 2.8〜2.11）

  サンハヤト株式会社

  URL　http://www.sunhayato.co.jp/

 # エレクトロニクス工作をしよう

エレクトロニクス工作では，どうしても回路図をさけることができません。回路を標準化して，誰もが見てわかるようになっているのも，回路図のおかげなのです。

はじめて見る人にとって，回路図は分かりにくいものですが，作品を作っていくうちに徐々に理解していきますから，心配はいりません。ここでは，まず回路図の基本について説明しましょう。こんな感じでできているものだと思っていただければよいでしょう。

■ 回路図の読み方

エレクトロニクス工作には，回路図は欠かせません。部品を記号化したシンボルを組み合わせて，回路を図式化し，誰もが回路を理解できるようにしたものです。外国の回路図もほとんど同じで，同じように理解することができます。

では，ここで回路図の読み方を説明しましょう。図3.1に説明用の回路図を示します。この回路は，3.3.1項(81ページ)で製作するイヤホーンアンプ付き鉱石ラジオの回路を例にしています。

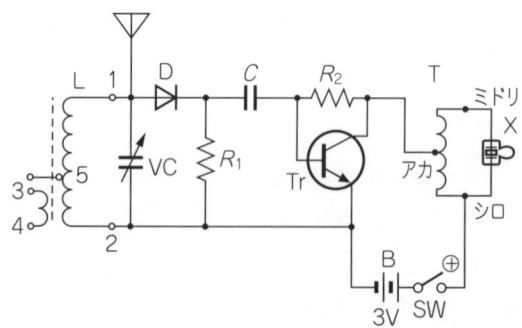

図3.1　イヤホーンアンプ付き鉱石ラジオの回路図

では，回路を見るとき，知っておくと便利な基礎知識を紹介します。

① 回路は左側から右側に流れて描かれます

信号が入ってくる入力部が左側で，信号が出ていく出力部が右側に配置して回路図が描かれるのが普通です。図3.1のイヤホーンアンプ付き鉱石ラジオの回路図からわかる通り，受信器の回路図では，左端にアンテナと同調回路があります。信号の経路は徐々に右側に移り，検波部を通りながら，右端のトランジスタによる低周波増幅部とトランスを経て，イヤホーンへ信号を送り，音を出すといった具合です。

② 単位が略されることがあります

抵抗の値やコンデンサの容量値などの単位を略すことがあります。たとえば100Ωを100とか，1kΩを1kとか表示して，単位の〔Ω：オーム〕を略しています。また，コンデンサの場合も0.1μF（マイクロファラド）を，単に0.1とだけ表示しても間違いではありません。なお単位が混在するときには，0.047μや100p（ピコファラド）などのように，ただF（ファラド）の単位が略されることもあります。コンデンサの単位は，部品の1.2節(6ページ)を見てください。

電解コンデンサの場合は，コンデンサ記号の中に斜線が入っているものもあります。このコンデンサは，容量値のほかに16WVなどと〔WV：ワーキングボルト〕の表示が付けられています。この値は常時使用可能な動作電圧値を示しているもので，回路電圧に適した値が使用されます。また，この電解コンデンサは，極性（＋と－）がありますから，注意しましょう。極性を間違えると，部品を破損する心配があるからです。

③ 部品番号と部品リストの表記法

簡単な回路では，部品番号と部品リストをいちいち細かく表記しないことがありますが，普通は見やすいように整理されて，部品番号と部品リストが表記されます。部品番号の頭文字は，部品の種類が理解できるようなアルファベット（英文字）を使用するのが普通です。たとえば抵抗ならR，コンデンサならC，トランスならT，トランジスタならTrなどです。(R：Resistor，C：Capacitor，T：Transistor，Tr：Transformerの英字の頭文字です。)

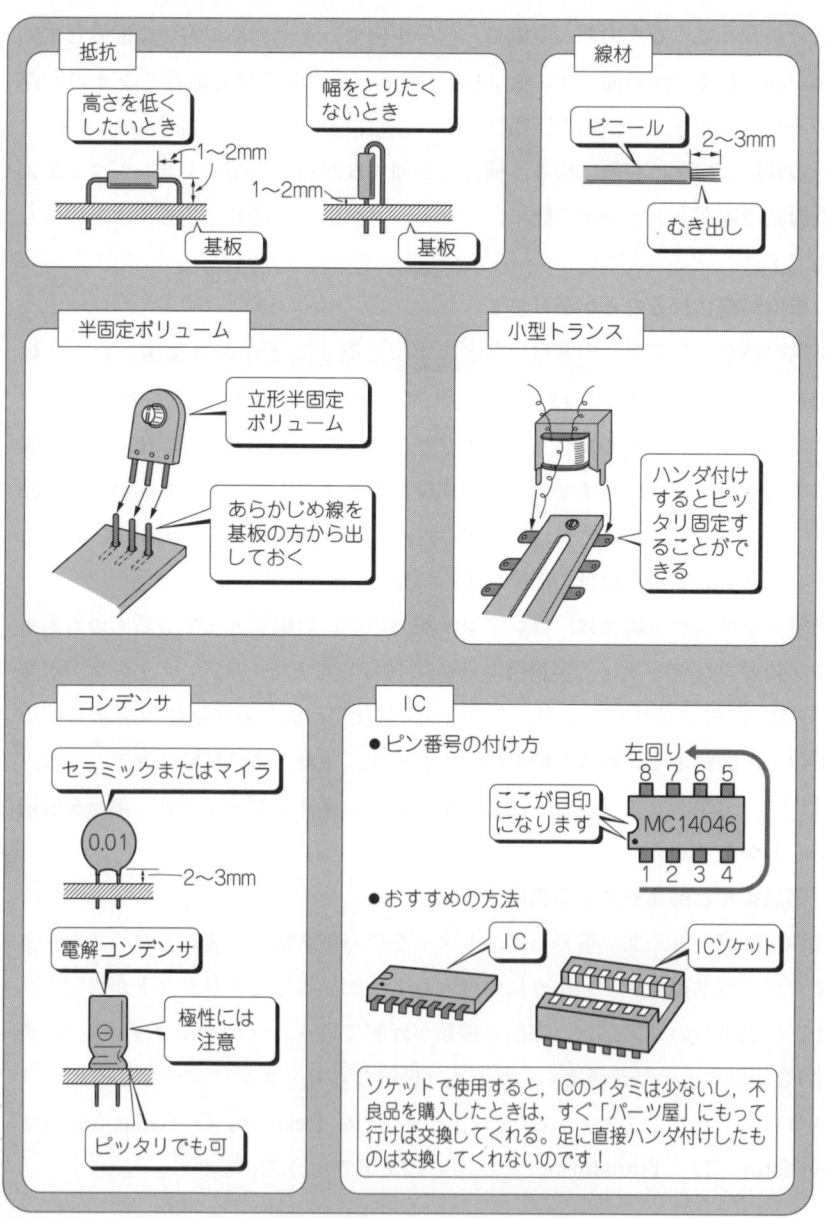

図 3.2 部品取り付けのテクニック（1）

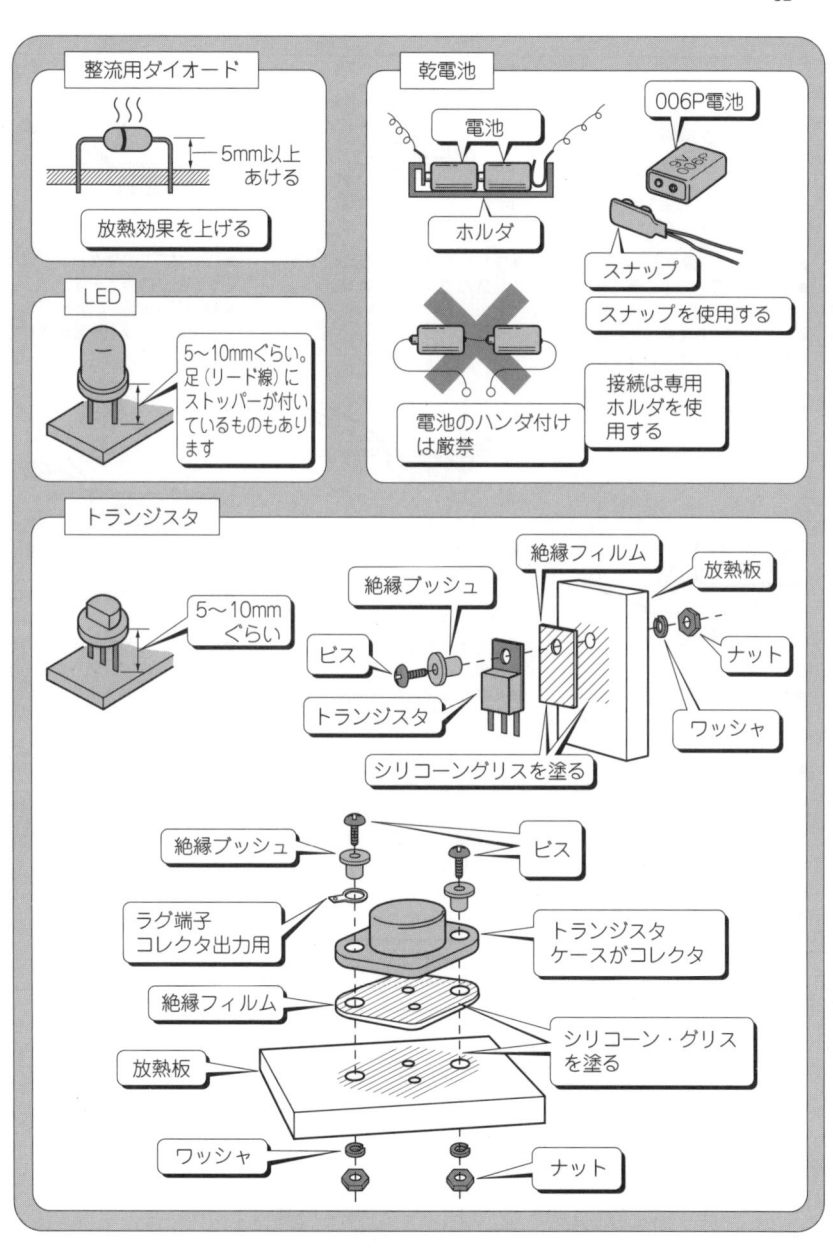

図 3.2　部品取り付けのテクニック (2)

32　3　エレクトロニクス工作をしよう

① ハンダごて／ぬれ布／こて台（木台に針金を使って自作も可能）

- ハンダごての電源を入れます。
- こて台や灰皿の上に置くようにします。
- こて先が十分加熱したら，ぬれ布などにこすり付けて，先をきれいにします。
- 過熱気味のときは，ときたまぬれ布にこすりつけて冷却します。

② 部品／プリント基板／銅ハク面／リード線／曲げる

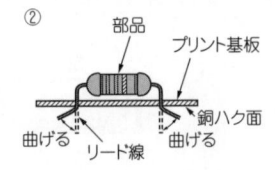

- プリント基板に部品の足を差し込んで少し曲げます。

③ ハンダ／こて

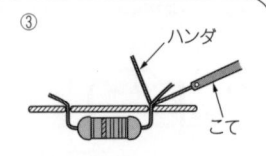

- ハンダごての先をハンダ付けする部分に当てます。
- 1秒ぐらいたってからフラックス入りハンダを接触させて溶かします。

④ ハンダ／平らにハンダが流れます。／こて

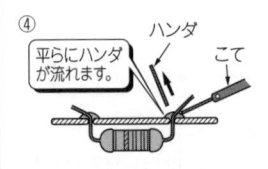

- ハンダが溶けて，部品のリード線と基板のパターンに流れます。
- ハンダが少し盛り上がったところでフラックス入りのハンダを離します。

⑤

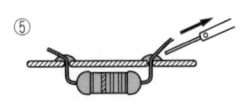

- ここではそのまま1秒ぐらい当てておきます。
- ハンダが十分溶けて，回ったことを確認してからハンダごてを離します。

〔注意〕
- 加熱が不足だとハンダがタマのようになり（表面のつやもない），ハンダ付け不良になりやすくなります。このときは，再度こてを当ててやります。
- 熱に弱い部品の取り付けは，できるだけ短い時間にすませます。

⑥ ニッパ

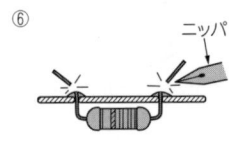

- 余分なリード線をニッパで切り落とします。
- ICなど，もともと接続部の足が短いものは，切らずにそのままにしておきます。

● イモハンダの注意 ●

コテ先の温度が低かったり，接合するものどうしを動かして付けた場合に発生する不良品です。テンプラとも呼ばれます。

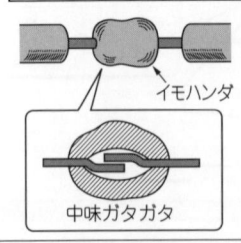

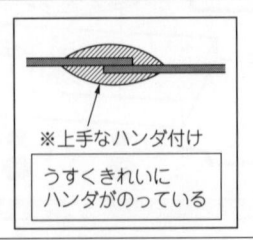

イモハンダ／中味ガタガタ

※上手なハンダ付け／うすくきれいにハンダがのっている

図 3.3　ハンダ付けのテクニック

部品の取り付け

図 3.2 に各種部品の取り付けテクニックを示します。また，図 3.3 にハンダ付けのテクニックも示しましたので，参考にしてください。

3.1 光の回路

3.1.1 ネオンランプといろいろな点滅器

歴史的に古いランプの中に **"ネオンランプ"** があります。お店の看板でよく見かけるネオンサインで "ネオン" の名前はおなじみです。ネオンサインは，細長いガラス管を文字や絵のかたちに曲げて，管の両端に電極を設け，空気を抜き，この中にいろいろなガスを入れたものなのです。入れるガスの種類によって，発光する色が異なります。ネオンは赤色，アルゴンは紫色となります。

一般的に，これらのものを総称して**ネオン**と呼んでいます。正式には**ガス放電管**の名がついています。本来ならばネオンガスを用いたものだけが "ネオン管" と呼べるのですが，なんでもネオン表現するのは，習慣ですからしかたありません。

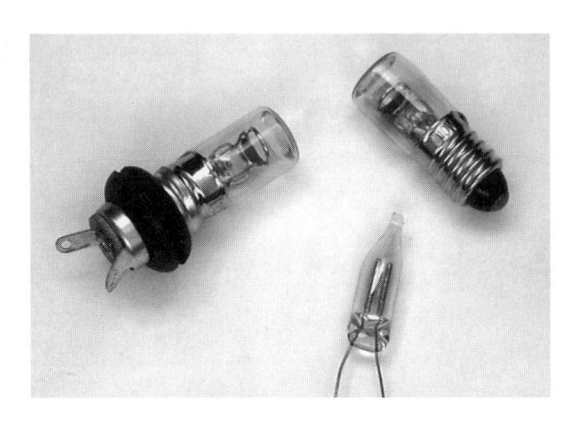

写真 3.1 ネオンランプ

ガス放電管の中には，緑色や青色のものがありますが，これらは管の中に水銀が封入されていて，その水銀が放電時に蒸気となり，そこから発生する紫外線が，管の内側に塗布してある蛍光物質に当たっていろいろな色を発光させる仕組みです。おなじみの蛍光灯が発光するシステムと同じです。蛍光灯も管の内側に蛍光物質が塗ってあり，内部に封入された水銀蒸気から発生する紫外線が当たって発光しているのです。

ネオン管を放電させるには，普通数千Ｖの高電圧をかけますが，ネオンランプは電極構造やガス圧をかえて，低い電圧で放電できるようにしたものです。消費電力が大変少ないので，真空管時代は表示灯用としてよく使用されていました。

ネオンランプの性質をあげてみましょう。この性質をうまく利用することによって，いろいろな楽しみ方が簡単にできます。

- 電極のまわりだけが発光する。
- 必ずマイナス側に接続された電極だけが灯る。
- 発光していないときは，内部抵抗は無限大。点灯（放電）するときわめて低い。
- 一般的な市販されているネオンランプの放電電圧は 70〜80V。
- 放電を止めるには，放電する電圧より少し低めの電圧にする。

(a)

(b)

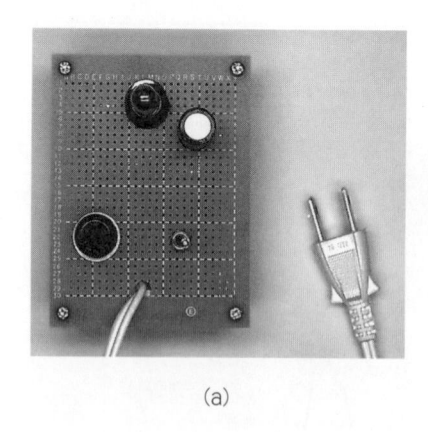

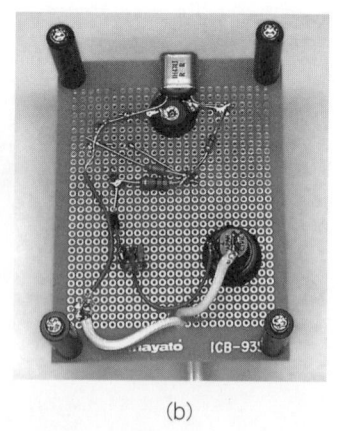

写真 3.2 ネオンランプを使った点滅器

■ いろいろな点滅器

● ネオンランプを点灯させる基本回路

では，ネオンランプを使った点滅器をつくることにしましょう。ネオンランプを点灯させる基本回路を図3.4に示します。ネオンランプは直流点灯となりますから，整流回路を設けます。

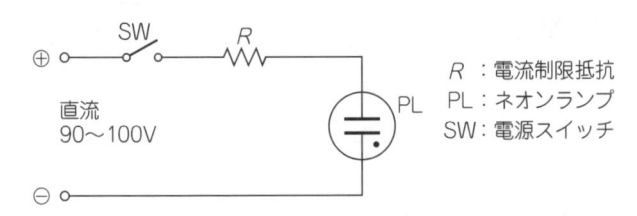

```
         SW       R
    ⊕ ──/ ──────/\/\/\──────┐
                              │
    直流                     ( PL )      R  ：電流制限抵抗
    90～100V                  │         PL ：ネオンランプ
                              │         SW ：電源スイッチ
    ⊖ ──────────────────────┘
```

図 3.4　ネオンランプを点灯させる基本回路

電源は，80V 程度必要ですから，一般家庭用の AC100V 電源を利用すれば，簡単に回路が組めます。図3.4 の基本回路では，電源スイッチ SW を入れるとランプが点灯する回路です。いろいろな装置の AC 電源オンのパイロットランプなどに利用されています。

● ネオンランプ1個を使った点滅器

ネオンランプを点滅させるには，抵抗とコンデンサを直列接続した**充電回路**を用います。この回路でネオンランプにコンデンサを並列接続すると，ネオンランプを点滅させることができます。原理を説明しましょう。図3.5を見てください。

コンデンサ C は，抵抗 R を通じて徐々に充電されていきます。次第にコンデンサには電源電圧の値に向かって電圧を上げていきます。コンデンサ C の電圧値が，ネオンランプの放電電圧値(80V 程度)になると，ネオンランプは放電を開始します。すなわち，ネオンランプが点灯するわけです。

ネオンランプが放電すると，コンデンサに蓄積された電気は放電されるため，コンデンサ C の電圧値は急激に 0V 近くまで低下します。したがって，コンデンサ C の電圧がネオンランプの放電終止電圧になったとき，ネオンランプは消灯

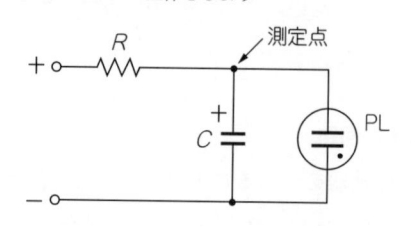

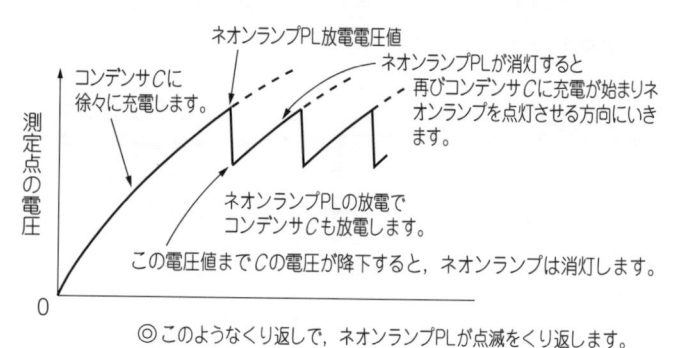

図 3.5 ネオンランプを点滅させる原理

することになります。ネオンランプが消灯すると、再び抵抗 R を通じてコンデンサ C に充電が開始され、また放電電圧値になるとネオンランプを点灯させることになります。このように、ネオンランプを自動的に点灯・消灯をくり返して行うことになるのです。

では、この原理を利用して、ネオンランプの点滅器を製作しましょう。図 3.6

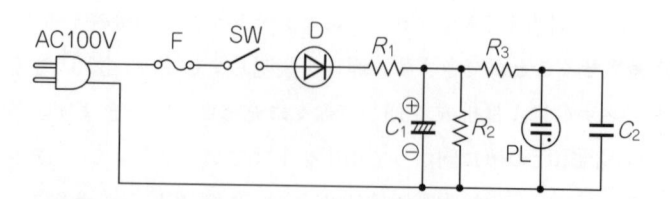

ダイオードD：10DEI
抵抗R_1：10kΩ（1W）
　R_2, R_3：1MΩ（1/4W）
コンデンサC_1, C_2：25μF（150WV）
　　　　C_3　：0.047μF

ネオンランプPL：豆球型
ヒューズF：0.5A
スイッチSW：小型トグルスイッチ
ACプラグ：コード付き

図 3.6 ネオンランプの点滅回路

に回路図を示します。

この回路は，家庭用交流100V電源を利用した，ネオンランプ1個の点滅器です。電源を直流化するために，簡単な**半波整流回路**を用いています。抵抗R_3は，ネオンランプが放電したときに，急激な電流が流れ込んでネオンランプの電極をいためないために入れてあり，充電用抵抗と共用しています。

点滅のタイミングは，充電回路を構成する抵抗R_1とコンデンサC_2の値で決まります。この充電回路は"**時定数回路**"と呼ばれ，タイミングを電気的につくる回路として，よく使用されます。抵抗R_1とR_2は整流出力電圧を低下させるために入れたもので，点滅をしやすくしています。これを入れないと，ネオンランプは点滅せずに，点灯しっぱなしになってしまいます。

基本的には抵抗RとコンデンサCとの関係は，

$$t〔秒〕= R〔\Omega〕\times C〔F〕$$

です。たとえば，3 000秒(50分)の充電時間を構成させるには，抵抗Rを1M (1 000 000) Ωにしたとき，コンデンサの値は，3 000〔秒〕= 1 000 000〔Ω〕$\times C$〔F〕から

$$C = \frac{3\,000}{1\,000\,000} = \frac{3}{1\,000} = 0.003 \mathrm{F} = 0.003 \times 1\,000\,000 \mu\mathrm{F}$$
$$= 3\,000 \mu\mathrm{F}$$

となります。

実際の電気回路では，この値より手前で動作することが多いので，抵抗RやコンデンサCの値をこの計算値より大きめにします。抵抗値とコンデンサの値

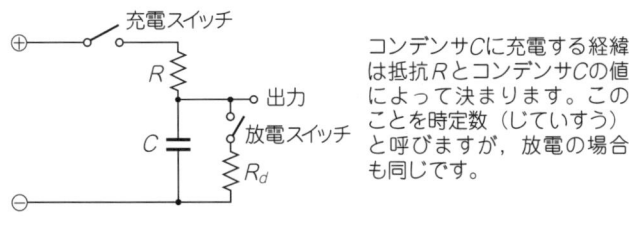

コンデンサCに充電する経緯は抵抗RとコンデンサCの値によって決まります。このことを時定数（じていすう）と呼びますが，放電の場合も同じです。

図3.7 時定数回路

を大きくすると時間は長くなり，抵抗値とコンデンサの値を小さくすると，時間は短くなります。ネオンランプの点滅は秒単位で点滅させるので，充電時間を構成する抵抗とコンデンサの値は小さくなっています。

図3.8に結線図と製作図を示しましたので参考にしてください。電源に"家庭用AC100V電源"を使用しますから，製作には注意しましょう。ビリビリ感電やショートしないようにしてください。電源入力部にヒューズを入れておくと安心です。

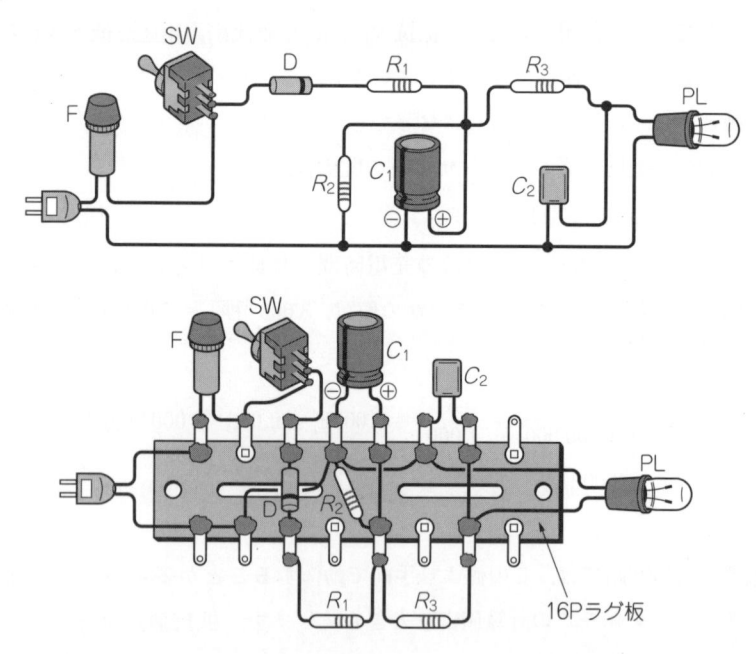

図3.8　時定数回路の結線図と製作図

● ネオンランプを2個使った点滅器

これは，ネオンランプを2個使って，交互に点滅させるた点滅器です。信号用にピッタリです。また，ぬいぐるみの目玉に使用するとかわいいペットが誕生するかもしれません。図3.8の時定数回路を使って，ネオンランプを交互に点滅させてみましょう。

3.1 光の回路　39

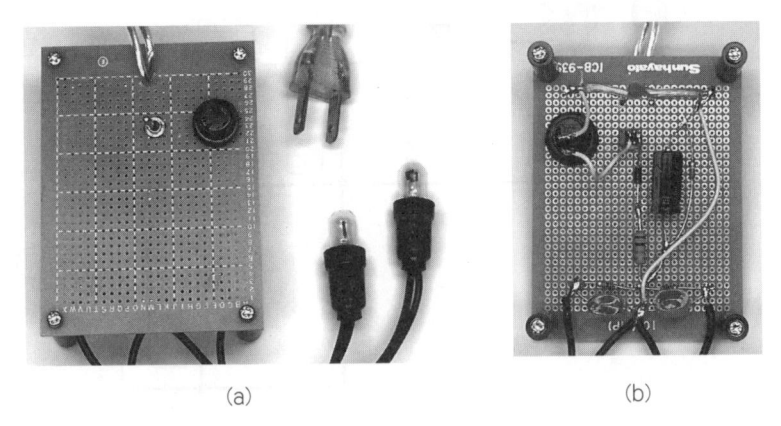

写真 3.3　ネオンランプを2個使った点滅器

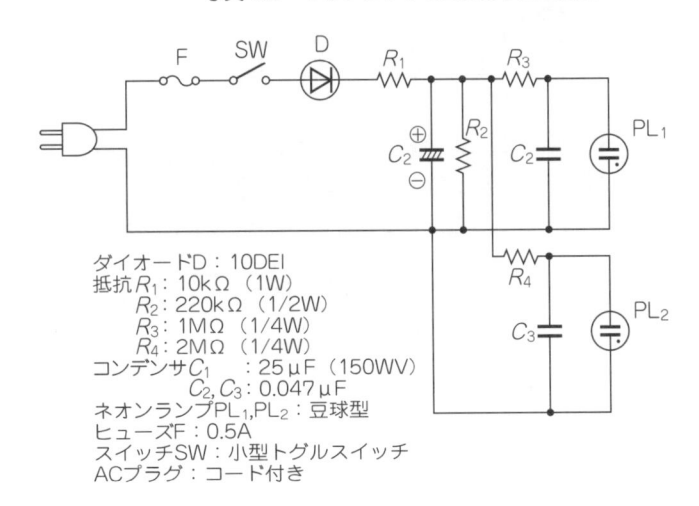

```
ダイオード D：10DEI
抵抗 R_1：10kΩ（1W）
     R_2：220kΩ（1/2W）
     R_3：1MΩ（1/4W）
     R_4：2MΩ（1/4W）
コンデンサ C_1：25μF（150WV）
           C_2, C_3：0.047μF
ネオンランプ PL_1, PL_2：豆球型
ヒューズ F：0.5A
スイッチ SW：小型トグルスイッチ
ACプラグ：コード付き
```

図 3.9　ネオンランプを2個使った点滅器の回路

　では，本器の回路を図3.9に示します．電源は"家庭用AC100V電源"を使い，簡単な半波整流回路を使用しています．電源入力部にヒューズを入れておくと安心です．

　図3.10に結線図と製作図を示しましたので参考にしてください．この回路も電源に"家庭用AC100V電源"を使用しますから，感電やショートには十分注意

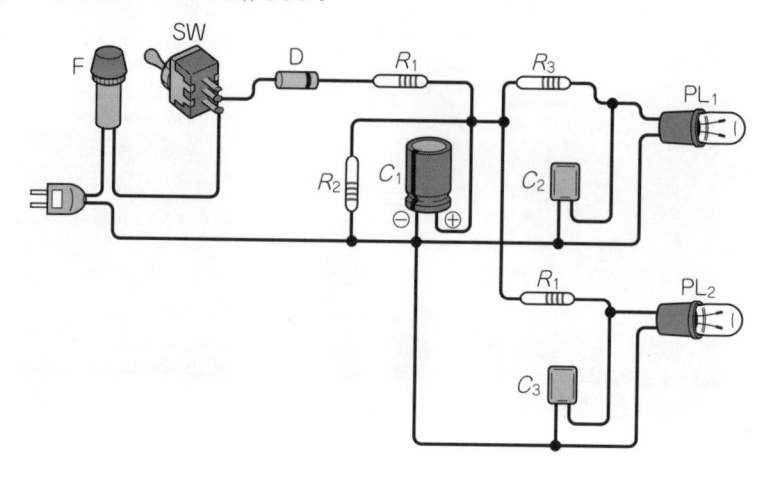

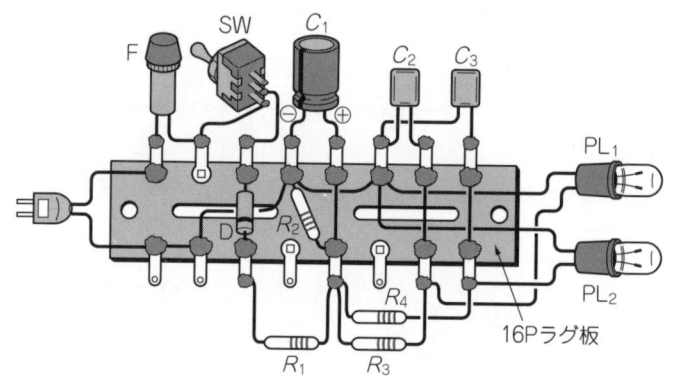

図 3.10 点滅器の結線図と製作図

して製作してください。

3.1.2 LED 点滅器

■ LED について

まずここで，LED について説明しましょう。LED は，豆球代わりの点灯インジケータだけではなく，ダイオードの一種なので，半導体としての性質を利用することができます。

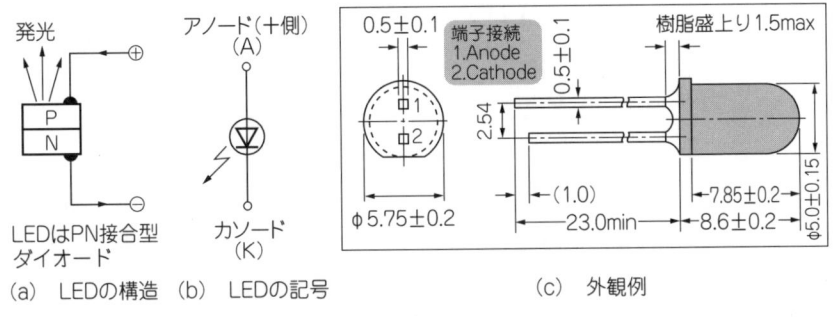

(a) LEDの構造　(b) LEDの記号　(c) 外観例

図3.11 LEDの構造と電気記号，外観例

LEDとは，Light（光を）Emitting（発する）Diode（ダイオード）の略です。図3.11を見てください。(a)は構造の様子を示しています。PN接合といわれる典型的なダイオードです。(b)はLEDの電気記号を示します。矢印がポイントで，発光の意味を示しています。

このダイオードに順方向の電圧（アノード側にプラス，カソードにマイナス）を加えると，半導体内部で生じた自由電子のうち，あまったものがエネルギー源となり，光量子となって放出し，ある特定の色を出すのです。

発光する色の種類はダイオードの素材で変化します。赤色が一般的ですが，黄色や緑，青色のものがつくられています。表3.1に示すとおり，同じ組成で違う色が出されるのは，それぞれの素材の割合の相違で生まれます。また，図3.12に発光色のスペクトル分布図を示します。

● LEDの特徴

それでは，ここでLEDの特徴について述べましょう。

① 単色光に近い光源です。
② 応答性が良いので，高い周波数で光変調ができます。
③ 注入する電流に応じて，発光出力が変化します。
④ 小型でかなり小さなものが生産できます。
⑤ 豆電球のようなフィラメント発光式でないので，消耗して切れることがなく，高い信頼性が得られます。

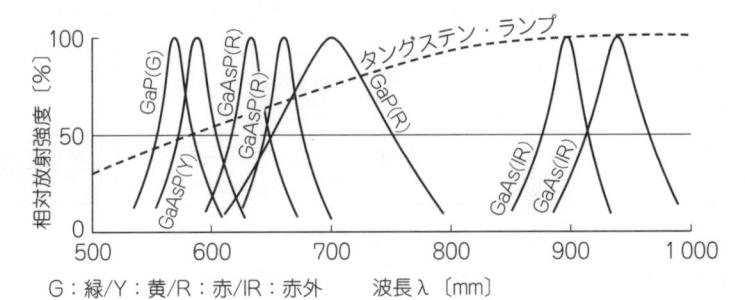

図 3.12 LEDのスペクトル分布図

表 3.1 LED の定格例

■ 絶対最大定格例 ($T_a = 25\,°C$)

シリーズ名	許容損失 P (mW)	順電流 I_F (mA)	せん頭順電流[*1] I_{FM} (mA)	順電流低減率 (mA/°C) DC	順電流低減率 (mA/°C) Pulse	逆電圧 V_R (V)	動作温度 T_{opr} (°C)	保存温度 T_{stg} (°C)
PR (GL8PR25, GL8PR29)	23 (48)	10 (20)	50 (50)	0.13 (0.27)	0.67 (0.67)	5 (5)	$-25\sim+85$ ($-25\sim+85$)	$-25\sim+100$ ($-25\sim+100$)
HD	84	30	50	0.40	0.67	5	$-25\sim+85$	$-25\sim+100$
HS	84	30	50	0.40	0.67	5	$-25\sim+85$	$-25\sim+100$
HY	84	30	50	0.40	0.67	5	$-25\sim+85$	$-25\sim+100$
EG	84	30	50	0.40	0.67	5	$-25\sim+85$	$-25\sim+100$
KG	84	30	50	0.40	0.67	5	$-25\sim+85$	$-25\sim+100$

[*1] デューティ比 0.1, パルス幅 0.1 ms

■ 絶対最大定格例 ($T_a = 25\,°C$)

シリーズ	順電圧 V_F(V) typ.	順電圧 V_F(V) max.	ピーク発光波長 λ_p(nm) typ.	スペクトル半値幅 $\Delta\lambda$(nm) typ.	I_F (mA)	逆電流 $I_R(\mu A)$ typ.	V_R (V)
PR (GL8PR25, GL8PR29)	1.9 (2.0)	2.3 (2.4)	695 (695)	100 (100)	5 (10)	10 (10)	4 (4)
HD	2.0	2.8	635	35	20	10	4
HS	2.0	2.8	610	35	20	10	4
HY	2.0	2.8	585	30	20	10	4
EG	2.1	2.8	565	30	20	10	4
KG	2.1	2.8	555	25	20	10	4

3.1 光の回路 **43**

● LED の特性

　LED を使うにあたって，この特性を知っておかなければなりません。一例として，シャープ"LED 総合カタログ"から，一般的な 5mmφ の円筒型赤色 LED "GL5HD4" を見ることにしましょう（表 3.1）。順方向電流は最大 50mA，最大逆耐圧が 5.0V，順方向電圧が標準 2.0V になっています。

　LED の順方向電圧降下が，標準でおよそ 2.0V あるのに注意しましょう。普通のシリコンダイオードの順方向電圧降下値よりも高くなっています。

　LED は点灯時，順方向電圧降下をします。したがって，LED に流す電流を求める場合には，この降下部分を考慮しておかないと，思ったとおりの電流が流れず，発光量が少ないという事態に陥ることになります。

■ LED の点滅回路のいろいろ

　PUT（プログラマブル・ユニジャンクション・トランジスタ：プログラム可能な UJT）を使っての LED 点滅回路の製作です。

● PUT について

　PUT は図 3.13 のような電気記号で示されます。アノード：A，ゲート：G，およびカソード：K の 3 電極をもっています。なにかサイリスタ（SCR）のような名前です。実際，構造上からコンプリメンタリー SCR とも呼ばれています。

　PUT の動作は，PNP および NPN トランジスタで表した図 3.14 のような等価回路によって示すことができます。図 3.15 は使用する PUT（N13T1）の構造模型です。図 3.16 は図 3.14 の回路において，アノードから見た $V\text{-}I$ 特性です。

　図 3.16 の $V\text{-}I$ 特性において，アノード電圧が $V_S(R_1/R_1+R_2 \cdot V)$ で示される電圧より低い間は，PUT は非導通の状態を続け，わずかなもれ電流が流れるだけです。

　しかし，アノード電圧が V_S 値より高くなると，アノードからゲートへゲート電流が流れはじめます。この電流は PNP 型トランジスタのベース電流に相当するもので，PNP 型トランジスタ側には，コレクタ電流が流れ出します。

　この PNP 型トランジスタ部のコレクタ電源は，次段の NPN 型トランジスタ

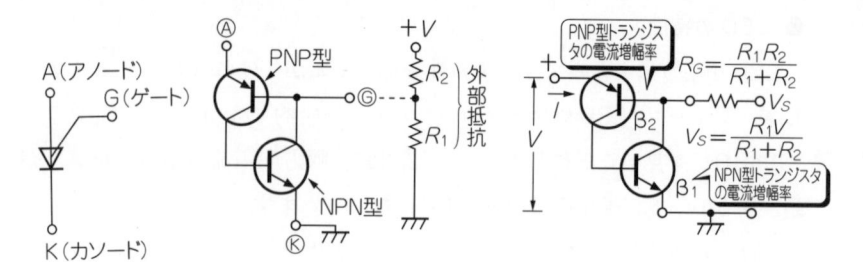

図3.13 PUTの記号　　図3.14 PUTをPNP/NPN型トランジスタで置き換えた等価回路

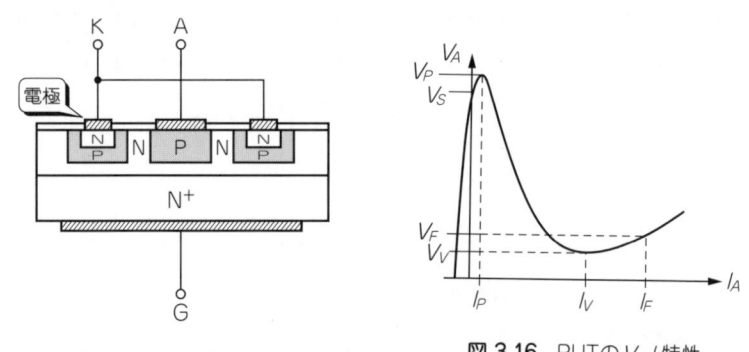

図3.15 PUTの構造（N13T1）　　図3.16 PUTのV-I特性

部のベース電流となり，NPN型トランジスタ部も動作を行い，やはりコレクタ電流を流します。NPN型トランジスタ部がコレクタ電流を流すと，PNP型トランジスタ部のベース電位が降下する方向になるので，PNP型トランジスタ部のベース電流を助長するようなかたちになります。

したがって，PNP型，NPN型各トランジスタ部の電流利得は，電流（あるいは電圧）によって，正帰還（正のフィードバック）がすばやくかかり，PUTは負性抵抗（図3.16を見てください。電流が増加しているにもかかわらず，電圧が落ちこんでいる部分があります）特性を示すので，導通状態になります。

ピーク点電流 I_P は R_G といわれる $[R_1 \cdot R_2/R_1+R_2]$ に大きく作用され，R_G 値が増加すると，I_P は減少する性質があります。

ピーク点電流のほかに大切な谷点電流 I 〔V〕というものがあります。やはり R_G の値によって変化させることができます。

PUTはアノード電流がわりあい大きいときには，PNP型およびNPN型トランジスタ部が正帰還動作を無理なく続けて，R_1にはNPN型トランジスタのコレクタ電流が流れます。反対にアノード電流が小さくなると，正帰還作用を続けるのに必要なポイントがあります。このポイントが谷点電流なのです。この電流以下になりますと，PUTは導通状態をやめ，非導通状態になります。

● LED点滅器

LED（発光ダイオード）をPUTを使ってピカピカ点滅させるセットです。タイミング用のコンデンサCを大きな容量にして，点滅の区切りをはっきりさせています。

図3.17に回路図，図3.18に製作図を示します。コンデンサCの値をいろいろ変えてみれば，点滅のスピードが変化します。容量を大きくすれば低速に，また小さくすれば高速になります。でも，あまり速くすると，点滅がはっきりしなくなり，発光し続けているようにみえますので注意しましょう。

● マルチバイブレータを使用したLED点滅器

交互にスイッチングを行う回路を**マルチバイブレータ**といいます。トランジスタ2個を使用したマルチバイブレータの基本回路を図3.19に示します。

図3.19の基本回路において，まずトランジスタTr_1が動作をして導通状態に

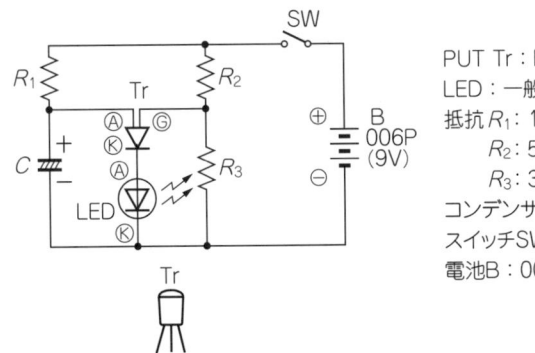

PUT Tr：N13T1
LED：一般品
抵抗R_1：100kΩ（1/4W）
　　R_2：5.1kΩ（1/4W）
　　R_3：3.3kΩ（1/4W）
コンデンサC：10μF（16WV）
スイッチSW：小型トグルスイッチ
電池B：006P（9V）スナップ付き

図3.17　PUTを使ったLED点滅器回路図

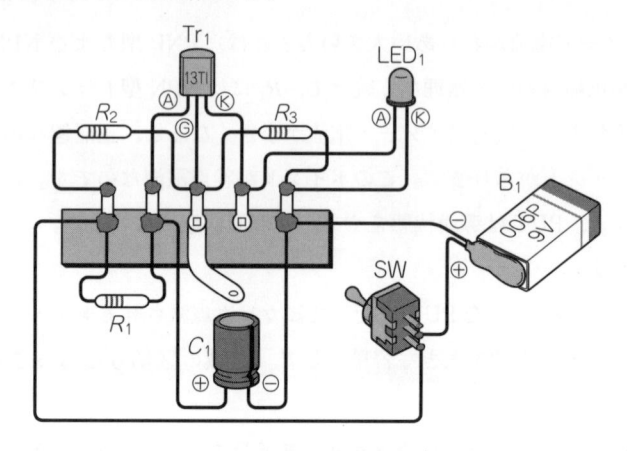

図 3.18 LED点滅器の製作図

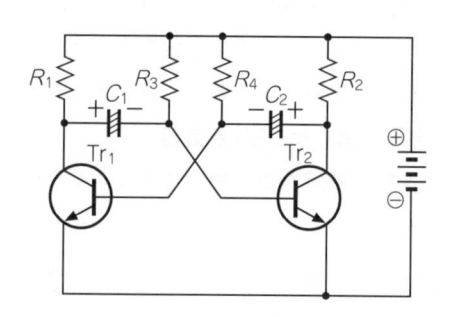

図 3.19 マルチバイブレータ基本回路

なっているとします。トランジスタ Tr_2 は，コンデンサ C_1 によってベースが逆方向（オフ方向）にもっていかれますので，非導通状態になります。

このとき，コンデンサ C_1 は抵抗 R_3 を通じて電源電圧に向かって充電していくので，トランジスタ Tr_2 のベース電圧は上昇していきます。トランジスタ Tr_2 のベース電圧が 0.7V 付近になると，トランジスタ Tr_2 は導通状態となり，今度はコンデンサ C_2 を通じてトランジスタ Tr_1 を非導通状態にさせます。

次は，抵抗 R_2 を通じてコンデンサ C_2 が充電状態となり，トランジスタ Tr_1 が導通状態になり，逆にトランジスタ Tr_2 が非導通状態となります。したがって，トランジスタ Tr_1 とトランジスタ Tr_2 が交互に導通と非導通をくり返すわけです。

3.1 光の回路　**47**

マルチバイブレータ回路を使ったLED点滅器の回路を図3.20に示します。LED1個の場合とLEDを2個使用した場合を紹介します。LEDを2個使用した場合の回路では，各LEDが交互に入れ替わって点灯します。

LEDに接続される抵抗R_1とR_2は，LEDに流す電流の制限抵抗です。10mA程度流せばはっきり見えます。あんまり電流値を大きくすると，電源の消耗がは

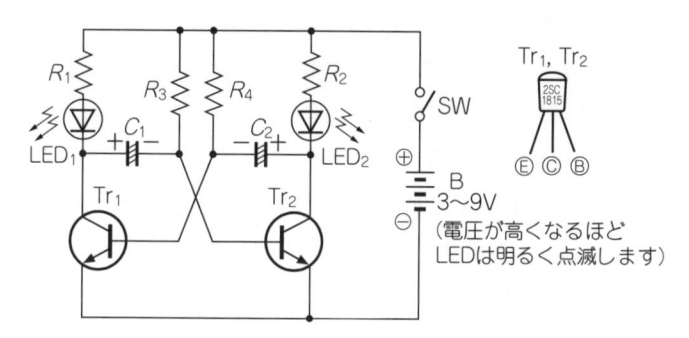

トランジスタTr_1, Tr_2：2SC1815
LED$_1$, LED$_2$：一般品
抵抗R_1, R_2：470Ω（1/4W）
　R_3, R_4：10kΩ（1/4W）
コンデンサC_1, C_2：47μF（16WV）
スイッチSW：小型トグルスイッチ

図3.20　LEDを2個使用した回路

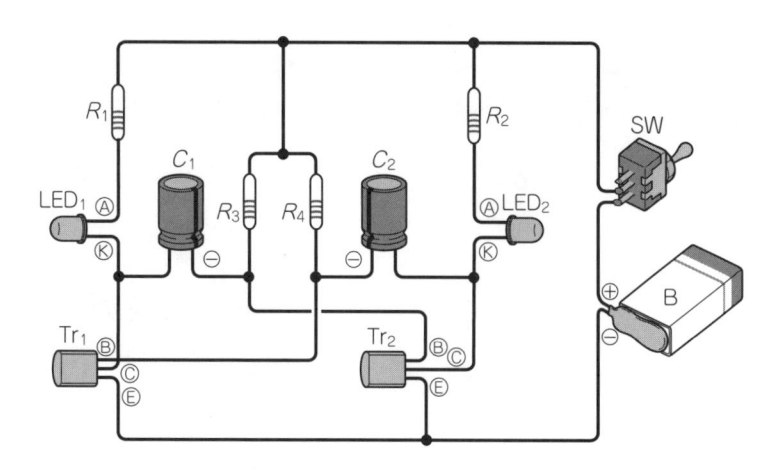

図3.21　LEDを2個使用した点滅器の結線図

げしくなりますから，必要最小限にとどめましょう。

抵抗 R_3 と R_4 あるいは，コンデンサ C_1 とコンデンサ C_2 の値を大きくすると，点滅の間隔が長くなります。また逆に抵抗 R_3 と R_4 あるいは，コンデンサ C_1 とコンデンサ C_2 の値を小さくすると，点滅の間隔が短くなります。お好みに合わせて，いろいろ値を変えてみましょう。

それぞれの回路の結線図を図 3.21 に示します。参考にしてください。大変小さく製作できますから，お好みのケースに収納するとよいでしょう。電源は，乾電池の 006P を使い 9V としました。

● 点滅のスピードを可変にする

図 3.20 の回路では，抵抗 R_3，R_4 かコンデンサ C_1，C_2 の値を変えれば点滅のスピードを変えることはできますが，いちいち付け替えるのは面倒です。簡単に点滅スピードを変える回路を紹介します。

その回路を図 3.22 に示します。原理的には抵抗 R_2，R_3 にボリューム VR を加えて総合的に抵抗値を同時に変えているわけです。

ボリューム VR の抵抗値が小さければ，点滅スピードが速くなり，ボリューム VR の抵抗値が大きければ，点滅スピードは遅くなります。図 3.23 にこの回路の結線図を示します。

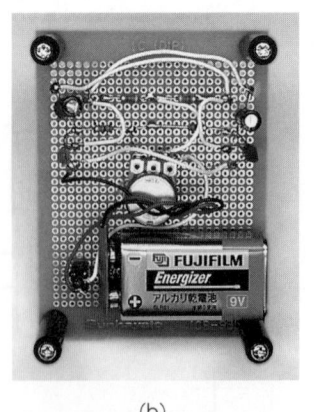

(a)   (b)

写真 3.4 可変速LED点滅器

3.1 光の回路　49

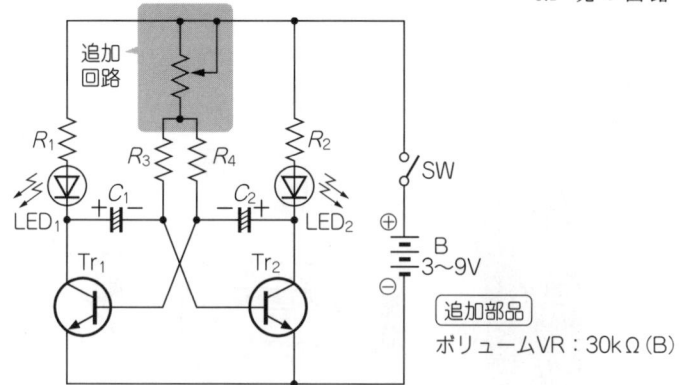

図 3.22 可変速LED点滅器の回路図

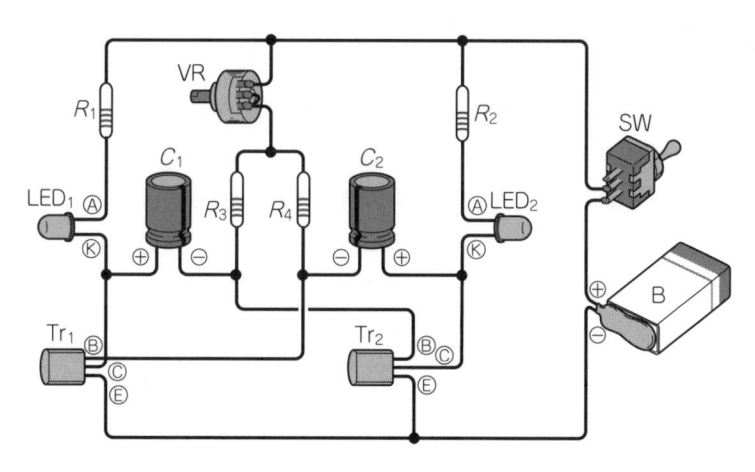

図 3.23 可変速LED点滅器の結線図

3.1.3　光るモニター

　ラジオや音響機器から出る音声や音楽の出力レベルに応じて LED が点滅する回路です。変化ある点滅が得られます。かわいいイルミネーションにも使えます。

50　3　エレクトロニクス工作をしよう

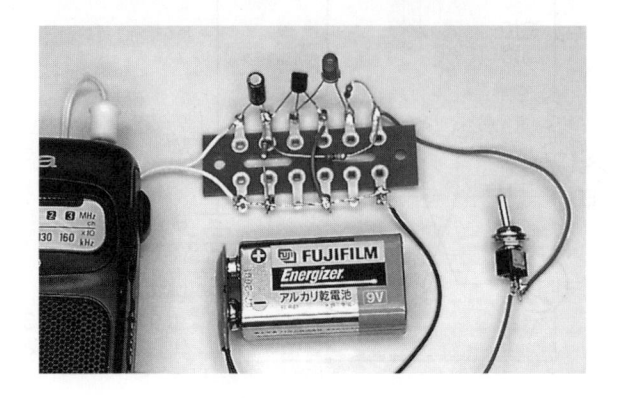

写真 3.5　光るモニター

光るモニターの回路

図 3.24 に示すとおりの簡単な低周波増幅回路が基本になっています。低周波（音声）信号をイヤホーンジャックから取り出し，トランジスタ Tr で増幅し，LED を駆動します。抵抗 R_1 と R_2 でトランジスタ Tr の動作点を設定しています。設定値が悪いと，入力がないときでも LED が点灯したり，入力があってもなかなか応答してくれなかったり，うまく希望の動作が得られません。

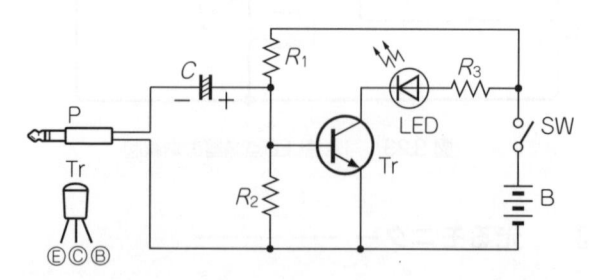

トランジスタTr：2SC1815　　　コンデンサC：22μF（16WV）
LED：一般品　　　　　　　　　スイッチSW：小型トグルスイッチ
抵抗R_1：10kΩ（1/4W）　　　　電池B：006P 9V
　　R_2：12kΩ（1/4W）　　　　プラグP：使用する機器に合わせる
　　R_3：1kΩ（1/4W）

図 3.24　光るモニターの回路

抵抗 R_3 は，LED に流れる電流の電流制限抵抗です．普通 10mA 程度の電流を流すとはっきり LED の点滅が確認できます．抵抗値を決定する目安として，LED 順方向降下電圧を 2.0V，トランジスタ降下電圧分を 1.5V，電源電圧を 9V として，実際の値を代入すると，

$$R_1 = \frac{9-(1.5+2.0)}{10\times 0.001} = 730 〔\Omega〕$$

一般的な抵抗値として，700Ω～1kΩ 程度のものを選びます．本器では，入手しやすい 1kΩ を使用してみました．この値でも LED の輝きは十分です．

■ 光るモニターの製作

小型の穴空き基板やラグ板に部品を実装してハンダ付けをします．部品点数が少ないので，簡単に組み立てられます．製作図を図 3.25 に示します．9V の角型 006P 乾電池とは，**スナップ**と呼ばれる接続端子つきリード線で接続します．好みのケースにまとめれば，オリジナリティに富んだ作品になることでしょう．

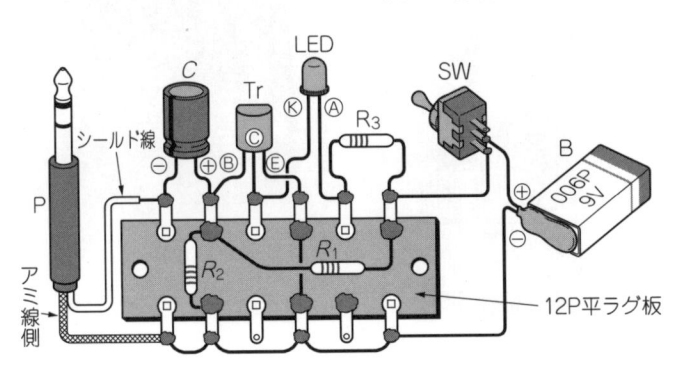

図 3.25 光るモニター回路の製作図

■ 光るモニターの使い方

使用するラジオやテレビのジャックに合ったプラグにシールド線を接続して，本器の入力に与えます．音声の出ているチャンネルで，本器がきれいにピカピカ

点滅するよう音源側のボリュームを加減します。FM のみならず，AM のラジオにも利用できます。電池は単3を6本にして抵抗 R_3 を 500 Ω 程度すると LED はいっそう輝き，また電源の寿命も長くできます。

3.1.4 マスコット蛍光灯

　家庭でのちょっとした光源や，アウトドアでのライトに便利な蛍光灯です。蛍光灯は豆電球より明るく，照明に向いています。ここでは，小型のトランジスタ低周波用トランスを利用したコンパクトな蛍光灯をつくります。基本的な回路は，ブロッキング発振回路を利用しています。では，ブロッキング発振回路について説明しましょう。

(a)

(b)

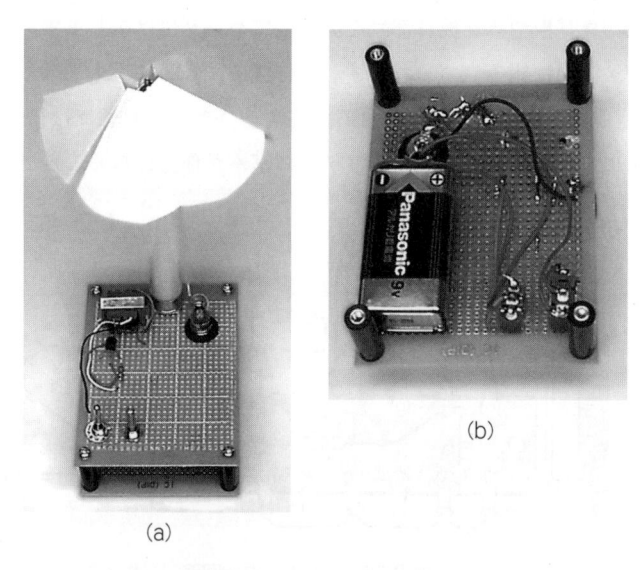

写真 3.6 マスコット蛍光灯

■ ブロッキング発振回路について

　ブロッキング発振回路の基本回路を図 3.26 に示します。この回路で，まずはじめにトランジスタ Tr のベースに電流が抵抗 R を通じて与えられたとします。

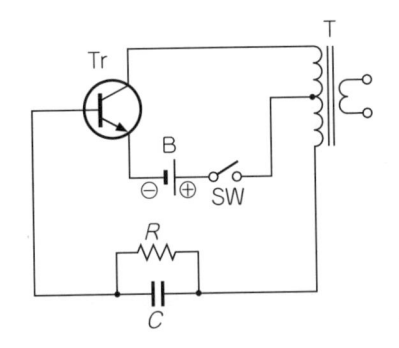

図 3.26 ブロッキング発振基本回路

トランジスタ Tr は導通状態となり，コレクタとエミッタが導通します。コレクタ電流が次第に増加すると，ベースの電位が次第に低下していくので，ある時点でトランジスタ Tr が動作を停止し，非導通状態になります。

トランジスタ Tr が非導通状態になると，コンデンサ C が接続されている側の巻線に逆起電力が発生し，コンデンサはすでに放電状態になっているので，トランジスタ Tr のベースに電流を瞬間的に流し込み，トランジスタ Tr を瞬時に導通状態に変えます。この状態変化をくり返し行い発振状態を続けるのです。このブロッキング発振回路は，トランスの働きを上手に利用した回路で，部品点数も少なくすむので，人気があります。

■ マスコット蛍光灯の回路

発振の要となるトランスに，トランジスタ用小型低周波トランス ST-26 を使って，コンパクトな作品にしました。ブロッキング発振で蛍光灯を点灯する場合，一番頭を悩ませるのがトランスです。電源用トランスを使用すると，かなり大きなセットになってしまいます。

図 3.27 にマスコット蛍光灯の回路図を示します。部品点数が少ないので，簡単な回路になっています。この回路には，コンデンサがありません。回路中の浮遊容量(配線間で生ずる容量など)があるので，コンデンサがなくても回路が動作するからです。省力化のためコンデンサを省略しました。

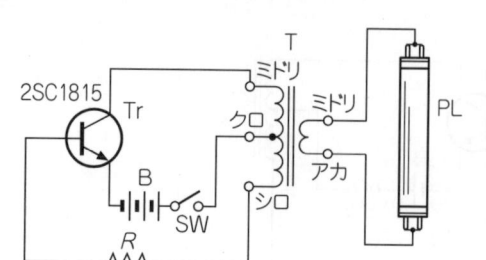

54   3 エレクトロニクス工作をしよう

図 3.27 マスコット蛍光灯の回路

トランジスタTr：2SC1815
抵抗 R：10kΩ（1/4W）
トランスT：ST-26
蛍光管PL：4W
スイッチSW：小型トグルスイッチ
乾電池B：006P（9V）

図 3.28 豆灯付きマスコット蛍光灯の回路

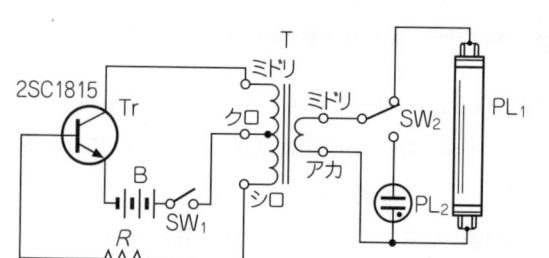

PL_2：ネオンランプ
　　　（ソケット付き）
SW_2：2接点切替トグル
　　　スイッチ
その他の部品は図 3.27と
同じです

　基本回路を図 3.27 に示しましたが，この回路に少し工夫を加えて，豆灯付きスタンドを考えてみました．図 3.28 に豆灯付きマスコット蛍光灯の回路図を示します．この回路では，図 3.27 の基本回路の出力部に切り替えスイッチを設けて，蛍光灯とネオン・ランプを切り替えて点灯させています．

■ マスコット蛍光灯の製作

　マスコット蛍光灯の基本回路の製作図を図 3.29 に示します．すぐに動作する簡単な構成です．いろいろなケースの上に蛍光灯をのせるとよいでしょう．

　図 3.30 に豆灯付きマスコット蛍光灯の製作図を示します．スタンド風にしましたので，蛍光灯を立て，頂部にかわいい紙製のかさ（フード）をのせました．

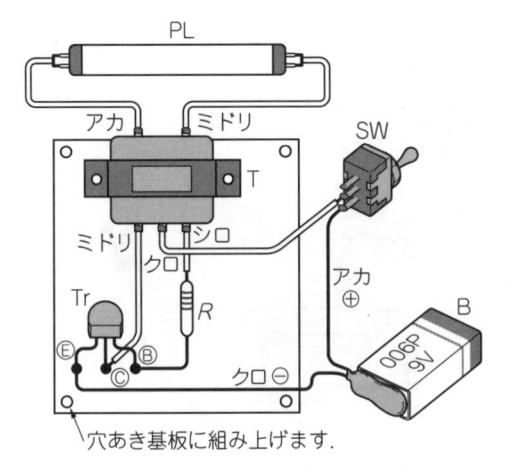

図 3.29　ポケット蛍光灯の製作図

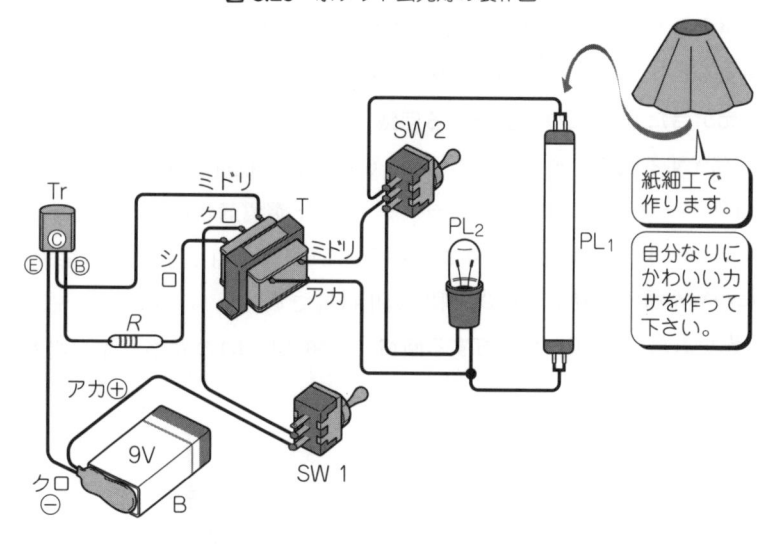

図 3.30　豆灯付きマスコット蛍光灯の結線図

3.1.5　光制御の LED 発光器

周囲が暗くなると発光する回路です．目印器(マーカ)として利用できます．

光センサとして CdS(硫化カドミウム)セルを使用します．この素子は，光の

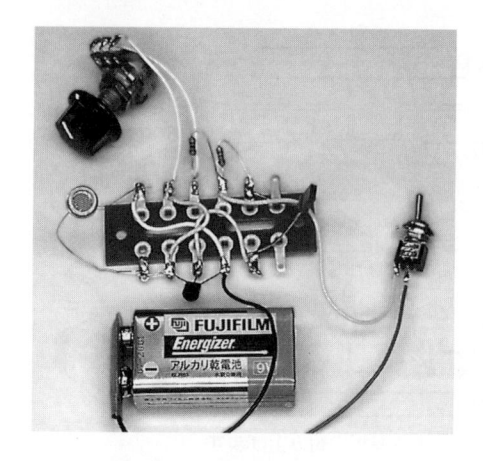

写真 3.7 光制御のLED発光器

受光量が大きくなると，内部抵抗値を減少させる性質をもっています。この変化を利用するわけです。ここでCdSセルを利用した応用回路を紹介します。

① **光が当たるとLEDが発光する回路** 図3.31(a)の回路は光が当たるとLEDが発光する回路です。光が当たるとCdSの内部抵抗が減少して，トランジスタTrのベース電流が増加し，トランジスタTrが導通状態となるためコレクタとエミッタ間が導通状態になりますから，LEDが点灯します。抵抗R_1は，LEDに決めた電流を流すための制限電流用抵抗です。

② **光が当たるとLEDが消灯する回路** 図3.31(b)の回路は光が当たると

(a) 光が当たるとLEDが発光する回路

(b) 光が当たるとLEDが消灯する回路

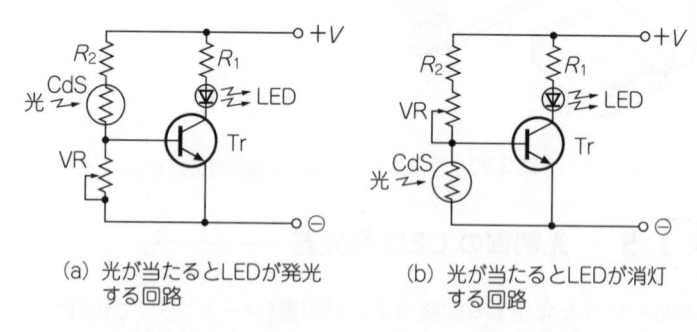

図 3.31 光が当たるとLEDが発光・消灯する回路

LEDが消灯する回路です．光が当たるとCdSの内部抵抗が減少して，トランジスタTrのベース電流が低下するようにしてあります．トランジスタTrのベース電流が低下すると，トランジスタTrが非導通状態となるためコレクタとエミッタ間が非導通状態になりますから，LEDが消灯します．

■ 光制御のLED発光器

図3.32に光制御のLED発光器の回路図を示します．抵抗R_1はLEDに流す電流値を10mA程度にするための抵抗です．抵抗R_2は，感度調整用の可変抵抗器VRを0Ωにしてしまったとき，トランジスタTrのベースに過大な電流が流れ込むのを防止するために入れた抵抗です．

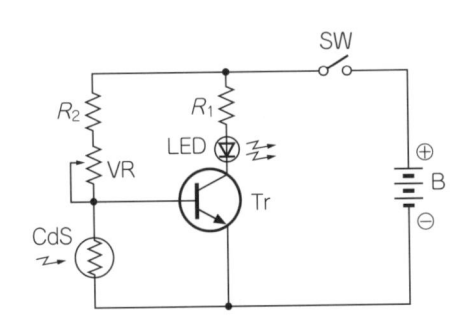

トランジスタTr：2SC1815
LED：一般品
抵抗R_1, R_2：1kΩ（1/4W）
ボリュームVR：30kΩ（B）
CdSセル：小型普及品
乾電池B：006P（9V）

図3.32 光制御のLED発光器の回路

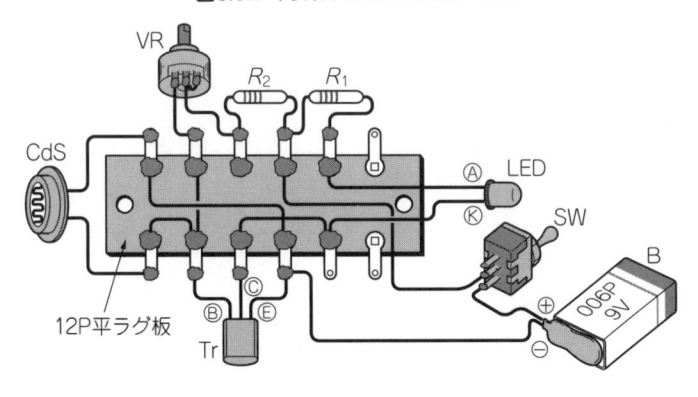

図3.33 光制御のLED発光器の製作図

CdS セルは小型のもので，明るいとき 1 kΩ 以下で，暗い状態で数十 kΩ 以上あればよいでしょう。

図 3.33 に製作図を示します。CdS に紙筒でつくったフードをつけると，入射光線を絞り込むことができます。感度調整用のボリュームは，いつも調整できるところに設けるとよいでしょう。

■ LED 発光器の調整方法

できあがったら，電源を入れて調整しましょう。光が当たったら消灯し，暗くなったら点灯するようにします。室内で CdS セルの前に手をかざし，ボリューム VR を静かに回転し，点灯し始めるポイントを見つけます。そこが設定ポイントになります。もし，もっと暗い状態で点灯させたい場合には，CdS セルを指でふさいだときに，点灯するポイントを見つけます。

3.2 音の回路

エレクトロニクス工作で，音をつくるテーマは，いろいろ利用できて便利です。簡単な回路でいろいろなセットをつくることにしましょう。

3.2.1 電子オルガン

(a)

(b)

写真 3.8 電子オルガン

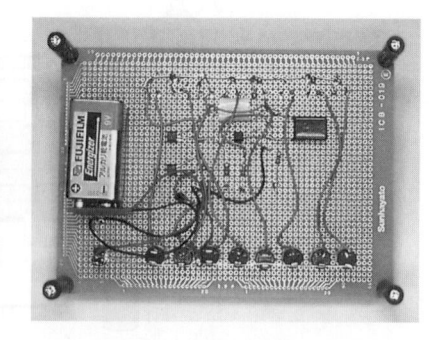

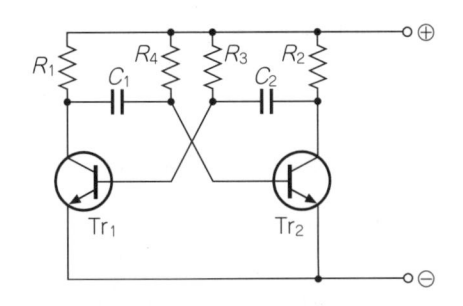

図3.34 マルチバイブレータ

低周波発振器で音階をつくると簡単に電子オルガンができます。いろいろな低周波発振器がありますが，ここでは，**マルチバイブレータ回路**を使用してつくることにしましょう。マルチバイブレータは，図3.34のような構成回路をいいます。この回路の中で，抵抗 R_3 や R_4，またはコンデンサ C_1 や C_2 の値を変化すると，発振周波数が変化します。ここでは，抵抗 R_3 に半固定抵抗器を並べ，音階を得ることにしました。

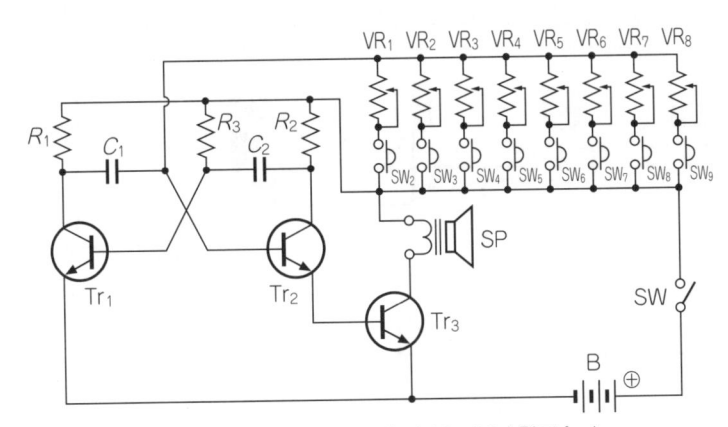

トランジスタ Tr_1, Tr_2, Tr_3 : 2SC1815
抵抗 R_1, R_2 : 2.2kΩ (1/4W)
　　 R_3 : 10kΩ (1/4W)
ボリューム $VR_1 \sim VR_8$: 10kΩ (B)
コンデンサ C_1, C_2 : 0.47μF
スピーカ SP : 8Ω小型スピーカ
スイッチ SW_1 : 小型トグルスイッチ
　　　　 $SW_2 \sim SW_9$: 小型押しボタンスイッチ
乾電池 B : 006P (9V)

図3.35 マルチバイブレータの電子オルガン回路

電子オルガンの回路を図3.35に示します。押しボタンスイッチ8個を押すことにより，ド・レ・ミ・ファ・ソ・ラ・シ・ドが発生します。正確な音階にセットするには，笛やハーモニカなどの楽器で音を出し，音合わせをすれば完璧です。スピーカーアンプ部をつけましたので，結構大きな音量が得られます。

電子オルガンの製作

図3.36に結線図を示しましたので，製作の参考にしてください。オルガンらしいケースを考えるのもよいかもしれません。マルチバイブレータ回路で，抵抗R_3を可変ボリュームにすると，連続した音階を奏でる楽器になります。また変わった雰囲気が味わえます。

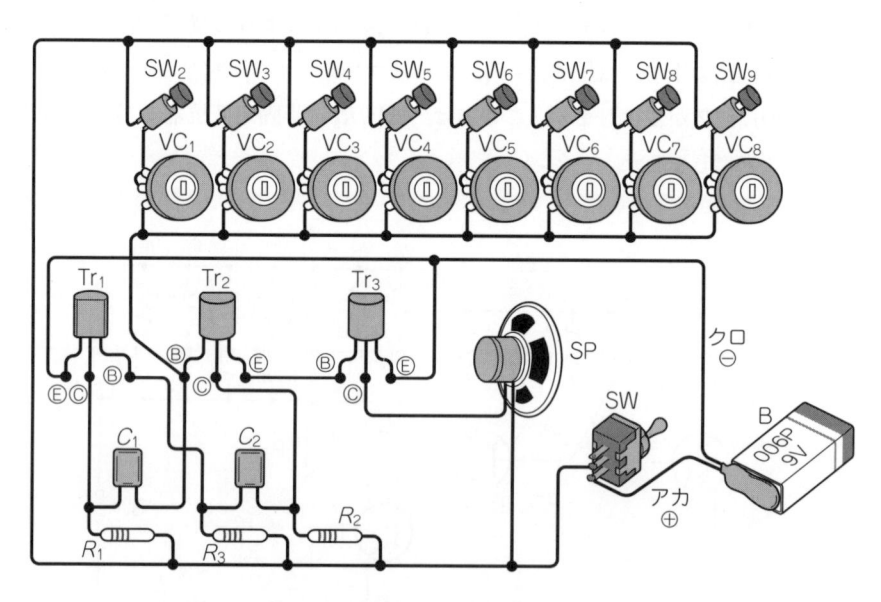

図3.36 電子オルガン回路の結線図

その応用（ウーウーサイレン）

マルチバイブレータ回路を応用して，電子サイレンを楽しむことができます。押しボタンスイッチを押すたびに，ウー・ウーと音が出ます。この回路と製作図

3.2 音の回路 **61**

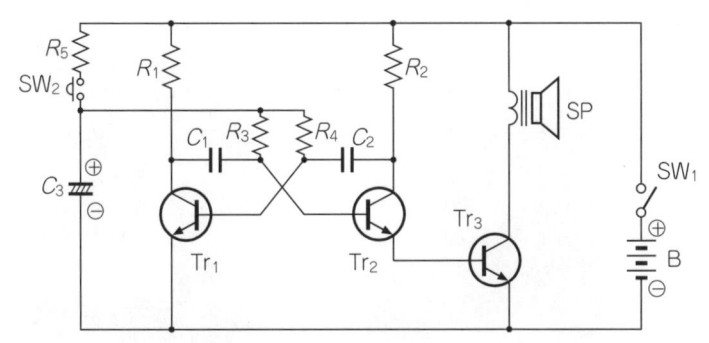

トランジスタ Tr_1, Tr_2, Tr_3 : 2SC1815
抵抗 R_1, R_2 : 2.2kΩ (1/4W)
　　 R_3, R_4 : 47kΩ (1/4W)
　　 R_5 : 100Ω (1/4W)
コンデンサ C_1, C_2 : 0.1μF
　　　　　 C_3 : 22μF
乾電池 B : 006P (9V)

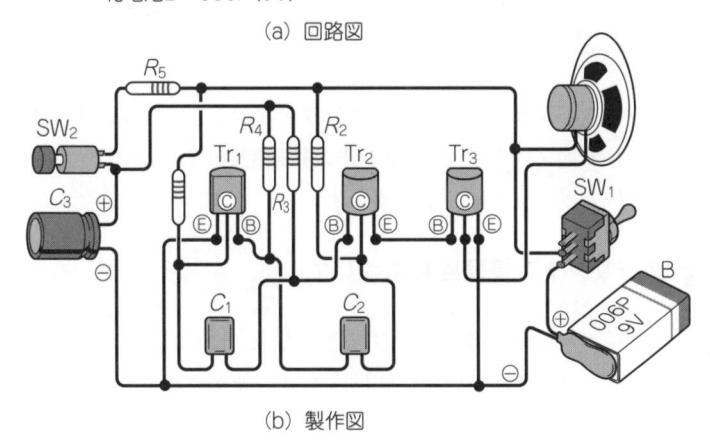

(a) 回路図

(b) 製作図

図 3.37 ウーウーサイレン

を図 3.37 に示します。

62 3 エレクトロニクス工作をしよう

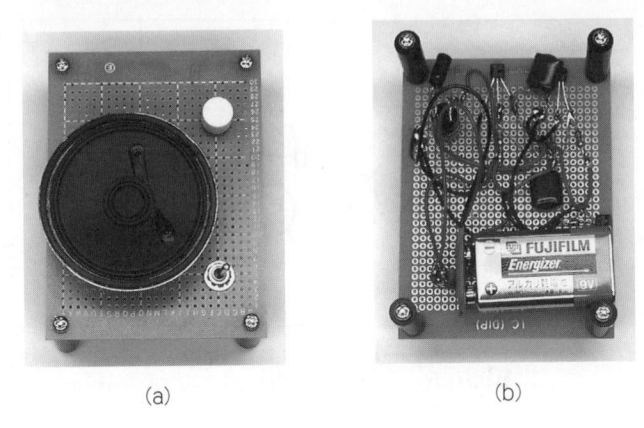

(a) (b)

写真 3.9 ウーウーサイレン

3.2.2 お風呂ブザー

"水位ブザー"ともいいますが，水分センサのブザーです。センサ感度を上げるために，トランジスタの**"ダーリントン接続回路"**というものを使いました。簡単に感度が上げられる便利な回路です。

■ ダーリントン接続回路について

図3.38に示される回路をダーリントン接続回路といいます。トランジスタ1個では，感度が得られない場合には，もう一段ダーリントン接続にすると，2個

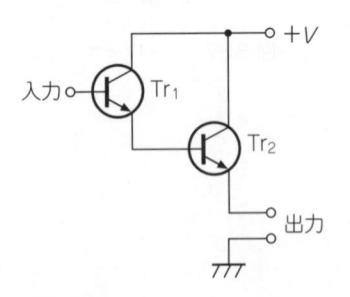

図 3.38 ダーリントン接続

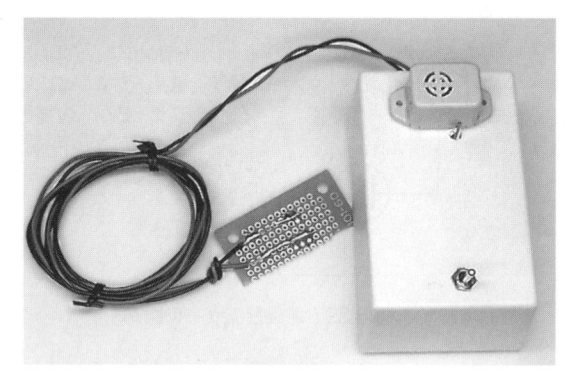

(a)

(b)    (c)

写真 3.10 お風呂ブザー

のトランジスタの電流増幅率(増幅の程度)をかけたものになります。1個100倍の性能のものを2個使用すると，100×100＝10000倍の性能になるのです。安価なトランジスタでも高級品並に変身させることができるのです。

■ お風呂ブザーの製作

では，お風呂ブザーをつくることにしましょう。回路を図3.39に示します。回路を見てわかる通り，ダーリントン接続回路そのものです。回路では3V用の

64　3　エレクトロニクス工作をしよう

図 3.39　お風呂ブザーの回路

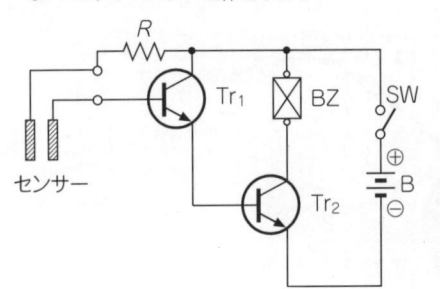

トランジスタTr₁,Tr₂：2SC1815
抵抗 R：4.7kΩ（1/4W）
ブザーBZ：3V電子ブザー
スイッチSW：小型トグルスイッチ
乾電池B：単3×2（3V）

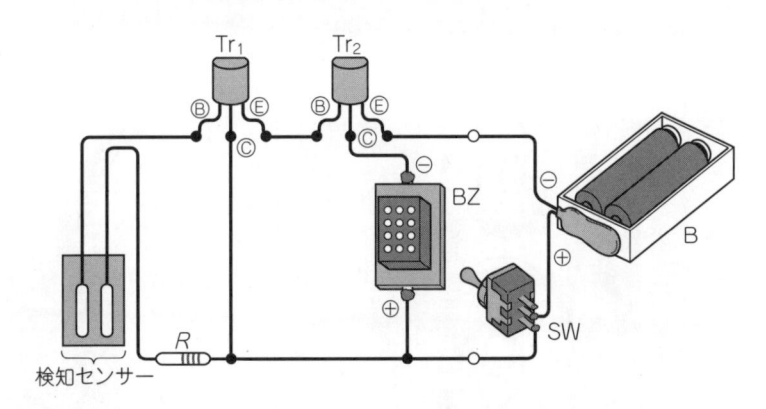

図 3.40　お風呂ブザーの結線図

ミニDCブザーを使いました。圧電用ブザーは使用できませんので注意しましょう。圧電ブザーは，別に発振回路がないと動作しません。図3.40にお風呂ブザーの結線図を示します。参考にしてください。

3.2.3　集音アンプ

簡単な2石アンプです。この増幅回路は，**"自己バイアス回路"** というものを使っています。回路構成が大変簡単で，よく使用されています。自己バイアス回路の基本回路を図3.41に示します。この回路の特徴はコレクタからベースに負帰還の抵抗が設けられていることで，温度に対する安定性や，雑音やひずみの少ない信号増幅が得られます。

3.2 音の回路　**65**

(a)

(b)

(c)

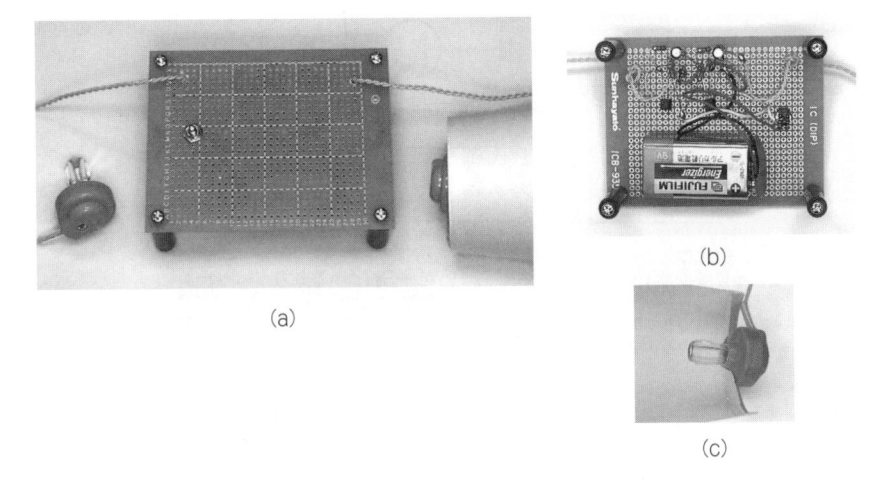

写真 3.11　集音アンプ

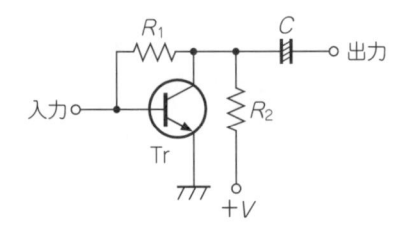

図 3.41　自己バイアス回路

■ 集音アンプの回路の製作

　図 3.42 に集音アンプの回路を示します．マイクもイヤホーンもクリスタル型を使用します．マイクはクリスタルイヤホーンで代用することが可能です．マイクに集音用のカバーをつけると，一層よく聞こえます．トランジスタ 2 個，抵抗 4 個，コンデンサ 3 個，クリスタルマイク 2 個，クリスタルイヤホーン 2 個，OOP (9V) 乾電池 1 個の構成です．

　この回路の出力を別に説明しています IC アンプを接続すると，スピーカで聞くことができます．図 3.43 に結線図を示します．製作の参考にしてください．

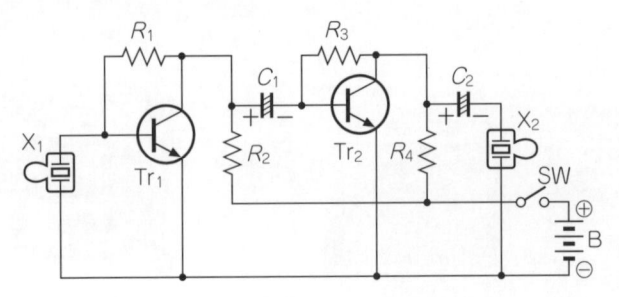

トランジスタTr_1, Tr_2：2SC1815
クリスタルイヤホーンX_1, X_2
抵抗R_1, R_3：1MΩ（1/4W）
　　R_2：47kΩ（1/4W）
　　R_4：15kΩ（1/4W）
コンデンサC_1, C_2：10μF（16WV）
スイッチSW：小型トグルスイッチ
乾電池B：006P（9V）スナップ付き
（注）X_1はできれば，クリスタルマイクの方が最適です。

図 3.42　集音アンプの回路図

イヤホーンの先端をはずします．

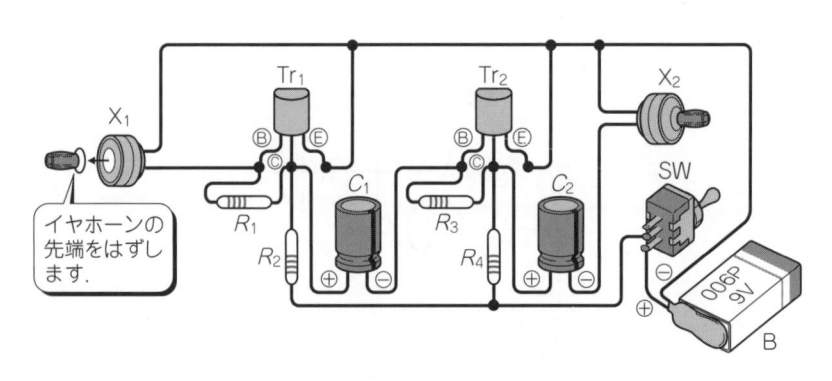

図 3.43　集音アンプの結線図

3.2.4　音の出るタイマー

　時間がくると警報を出すタイマーです．抵抗とコンデンサで構成する**"時定数回路"**を使用した簡単回路です．コンデンサの充電回路にすぎません．電気回路的には，**"積分回路"**とも呼ばれています．

■ 音の出るタイマーの回路の製作

　図 3.44 に音の出るタイマーの回路を示します．この回路は，ダーリントン接

3.2 音の回路

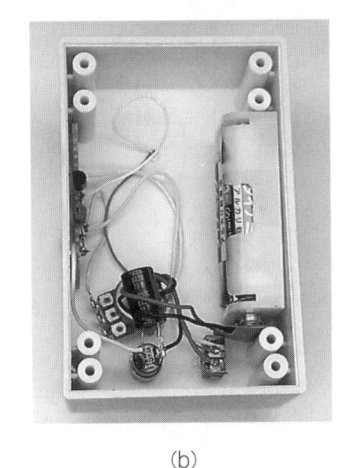

(a) (b)

写真 3.12 音の出るタイマー

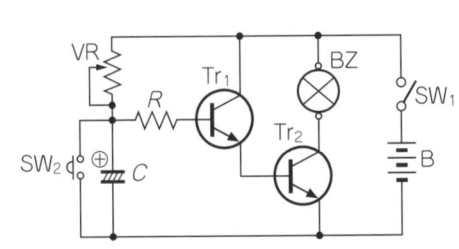

トランジスタ Tr_1, Tr_2 : 2SC1815
抵抗 R : 4.7kΩ（1/4W）
ボリューム VR : 5MΩ
コンデンサ C : 1000μF（16WV）
ブザー BZ : 6V ブザー
スイッチ SW_1 : 小型トグルスイッチ
　　　　SW_2 : 小型押しボタンスイッチ
乾電池 B : 単3×2（3V）

図 3.44 音の出るタイマー回路図

続回路を使用して，入力抵抗を高くし，時定数回路にトランジスタ回路が影響を与えないようにも考えています。この回路の充電時間 t〔秒〕は，ボリューム VR_1（2MΩ）の値と，コンデンサ C（2000μF）の値をかけたものになりますので，概算は次の式のように求めます。

$$t = 2 \times 1\,000\,000\,(\Omega) \times 2\,000 \times 0.000001\,(F) = 2 \times 2\,000 = 4\,000 \text{ 秒}$$

これはおよそ1時間6分程度ですが，トランジスタ側が動作する環境ではおよそこの値の70%くらいになります。

したがって，50分近くまで設定できるタイマーになります。発音体は，DC（直流）ミニブザーと呼ばれるもので，6V用のものを使います。電源は単三乾電

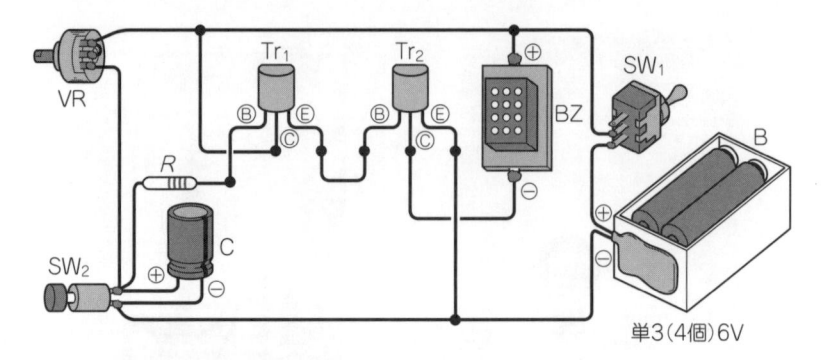

図 3.45 音の出るタイマー結線図

池4個を使用します。図3.45に結線図を示します。参考にしてください。ケース上にブザー，電源スイッチ，スタート押しボタンスイッチを設けます。

■ タイマーの使用方法

このタイマーは，電源スイッチを入れてから，タイマーのスタート用押しボタンスイッチを押すと，時間設定値に向けて動作を開始します。設定時間になるとブザーが鳴り出します。ここで，またスタート押しボタンスイッチを押すと，ブザーは鳴りやみ，再び時間設定値に向けて動作を開始します。

タイマー出力をブザーだけではなく，ランプを点灯させたり，別のところに信号を出したい場合には，ブザーの代わりにリレーを用いれば実現できます。リレー使用の方法については図3.46に示します。

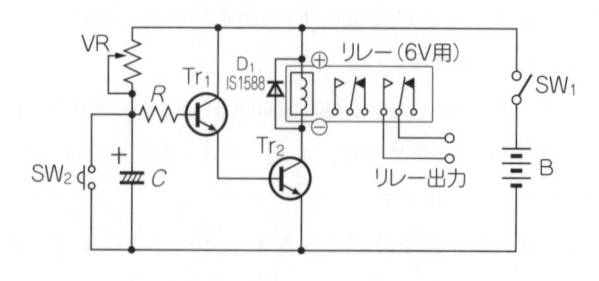

図 3.46 リレー出力の方法

3.2.5 し張発振器で楽しむ

トランジスタを使ったたすきがけ形のマルチバイブレータやブロッキング発振器も"**し張発振器**"の部類に入りますが、一般的に電子工作では、し張発振器というと、PNP型トランジスタとNPN型トランジスタを組み合わせた発振回路を指します。

"し張発振器"は、PNP型トランジスタとNPN型トランジスタを組み合わせた回路で、古くから使われている回路です。簡単で確実なので人気があります。図

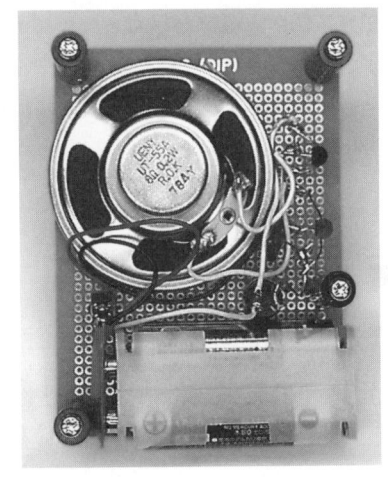

(a)　　　　　　　　　　　(b)

写真 3.13 し張発振器

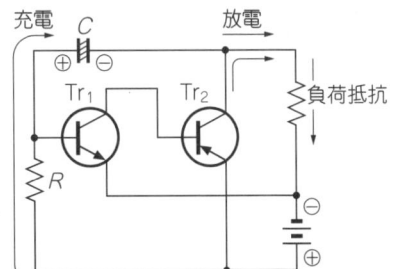

- R を通って C が充電されるとTr_1が動作します。
- Tr_1が動作するとTr_2が動作します。
  （Tr_1によりTr_2のベースが⊖に落とされるからです。）
- Tr_2が動作すると、負荷抵抗（LEDやブザーなど）に電流が流れます。このとき、コンデンサCの⊖極にも⊕極が与えられるので、Cは放電状態となります。
- Cが放電すると、Tr_1は不動作状態となり、Tr_2も不動作状態となり、負荷抵抗には電流が流れず、はじめの状態にもどります。
- またはじめにもどってくりかえして動作を続けます。

図 3.47 し張発振器の基本回路

3.47 にし張発振器の基本回路を示します。

し張発振器の基本回路を説明しましょう。まずコンデンサ C が放電しているとします。電源が入ると抵抗 R を通じてコンデンサ C が充電を行います。充電電圧がトランジスタ Tr_1 が動作状態になる値に達すると，トランジスタ Tr_1 が動作し，トランジスタ Tr_1 のコレクタがアース電位近くまで下がりますから，トランジスタ Tr_2 のベースがアース電位近くに落とされ，したがってトランジスタ Tr_2 が導通状態になります。

すると，トランジスタ Tr_2 のコレクタが＋電位を生じるため，コンデンサ C のアース側が＋電位が与えられたことになり，コンデンサ C が放電状態となります。

この状態になると，またはじめの状態になるわけですから，またコンデンサ C に充電開始することになります。これがくり返し行われ，発振状態となるのです。

◾ し張発振器の製作

トランスを使用しないで，簡単に音を発生する回路です。回路を図 3.48 に示します。コンデンサ C の値を回路上の値より大きくすると，発振周波数は低下して，低音の音になります。逆に C の値を小さくすると，高音になります。電

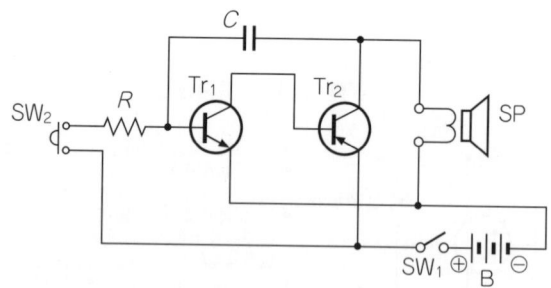

トランジスタTr_1：2SC1815
　　　　　Tr_2：2SA1015
スピーカSP：8Ω小型スピーカ
抵抗R：100kΩ(1/4W)

コンデンサC：0.022μF
スイッチSW_1：小型トグルスイッチ
　　　　SW_2：小型押しボタンスイッチ
乾電池B：単3×2 (3V)

図 3.48 し張発振器の音の回路

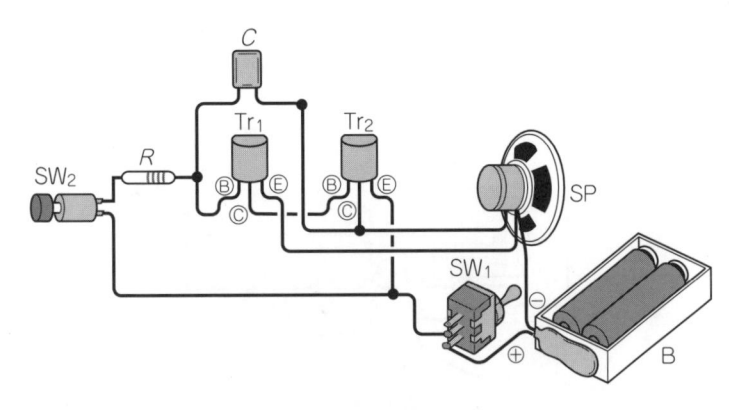

図 3.49 し帳発振器の結線図

源は単3乾電池2本で，3Vになっています。押しボタンスイッチSW_1を押すと動作します。この回路の結線図を図3.49に示します。

■ し張発振器の応用

この回路はLEDの点滅回路にも応用することができます。回路図を図3.50，結線図を図3.51に示しますので，製作の参考にしてください。

SW_1を外部入力端子として，各種スイッチやセンサ（CdSセルや水位センサ）などを使用するとリモートブザーなどとして利用できますので，いろいろと応用例を考えてみてください。

トランジスタTr_1：2SC1815
　　　　　Tr_2：2SA1015
抵抗R：510kΩ(1/4W)
コンデンサC：10μF(16WV)
LED：一般LED
SW：小型トグルスイッチ
乾電池B：単5(2本)ホルダー付き

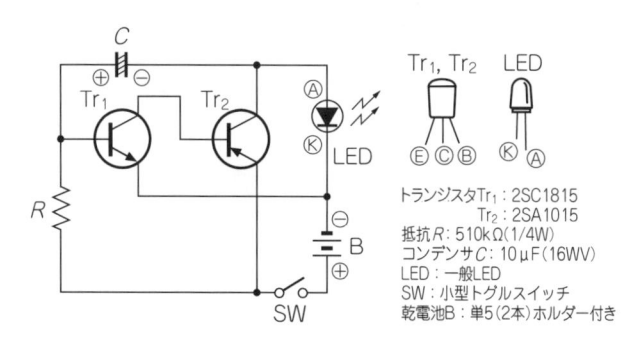

図 3.50 LEDの点滅回路例

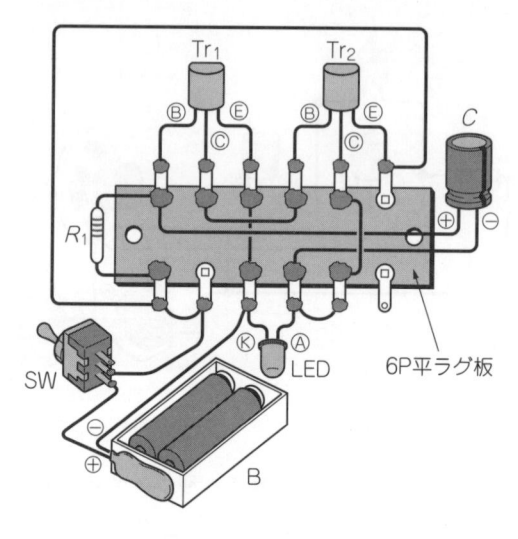

図 3.51 LEDの点滅回路例の製作図

3.2.6 PUT のさえずり発振器

PUTを使用して，ピヨピヨとかピューン・ピューンといったような音を出す作品です。聞き方によっては，UFOの音のようにも聞こえます。

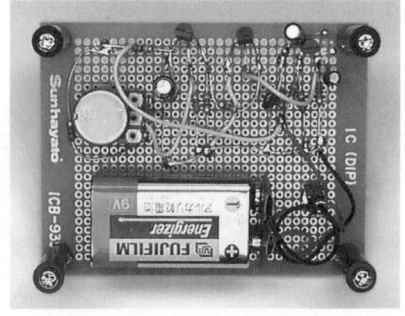

(a) (b)

写真 3.14 さえずり発振器

PUT のさえずり発振器の回路

図 3.52 に PUT のさえずり発振器の回路を示します。この回路では，PUT 2 個と，トランジスタ 1 個を使用します。もしスピーカで鳴らせるには，アンプ用にもう一つトランジスタを設けます。さらに大きな音を出したい場合には，別に説明しています IC アンプを接続するとよいでしょう。

図 3.52 の回路図で，PUT の Tr_1 は"さえずり"の原発振器です。コンデンサ C_1 はタイミング用で，コンデンサ C_1 が充電中は Tr_1 のアノードとカソード間に電流は流れません。コンデンサ C_1 がピーク点電圧まで充電されると，コンデンサ C_1 の電荷は，PUT を通じて，階段蓄積コンデンサ C_2 へ急激放電します。そのため，コンデンサ C_2 は階段波形の電圧が生じます。

抵抗 R_2 は，ピューンといった音を引きのばす役目をしています。コンデンサ C_2 に対する一種の放電抵抗です。

トランジスタ Tr_1, Tr_2：N13T1(PUT)
トランジスタ Tr_3：2SC1815
抵抗 R_1：5.1kΩ (1/4W)
　　R_2, R_6：3.3kΩ (1/4W)
　　R_3：1MΩ (1/4W)
　　R_4：2MΩ (1/4W)
　　R_5：2kΩ (1/4W)
　　R_7：47Ω (1/4W)
　　R_8：100kΩ (1/4W)
　　R_9：1kΩ (1/4W)
ボリューム VR：20kΩ
コンデンサ C_1：0.001μF
　　　　C_2：4.7μF (16WV)
　　　　C_3：1μF (16WV)
　　　　C_4：10μF (16WV)
スイッチ SW：小型トグルスイッチ
乾電池 B：006P (9V)

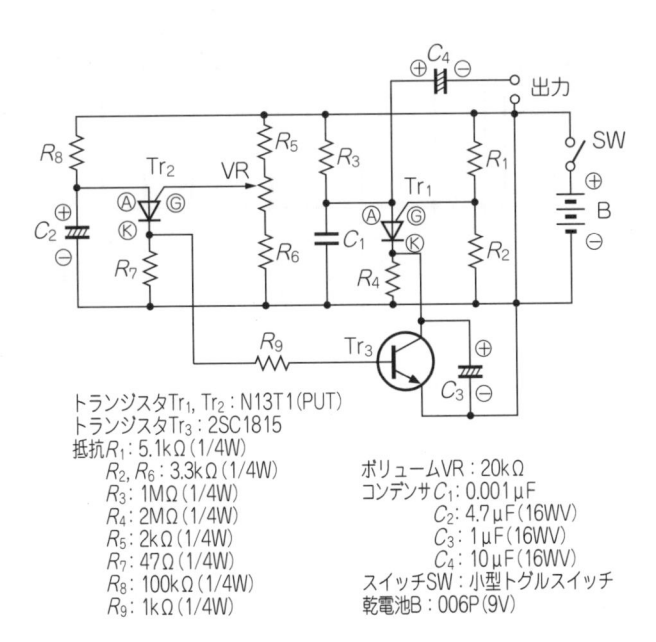

図 3.52 PUT さえずり発振器回路図

PUT の Tr_2 とトランジスタ Tr_3 は，階段蓄積コンデンサ C_2 を完全放電させて，スタートをかける回路です。この Tr_2 の発生するタイミングにより，ピョーン・ピョーンになったりします。やはりコンデンサ C_1 で決定されます。

トランジスタ Tr_3 は，コンデンサ C_2 をショートしたり解放したりするスイッチング素子として使用しています。

さえずり発振器の製作

図 3.53 に結線図と製作図を示します。参考にしてください。タイミング調整用のボリュームは VR は，ツマミをつけて操作しやすい場所に設けます。

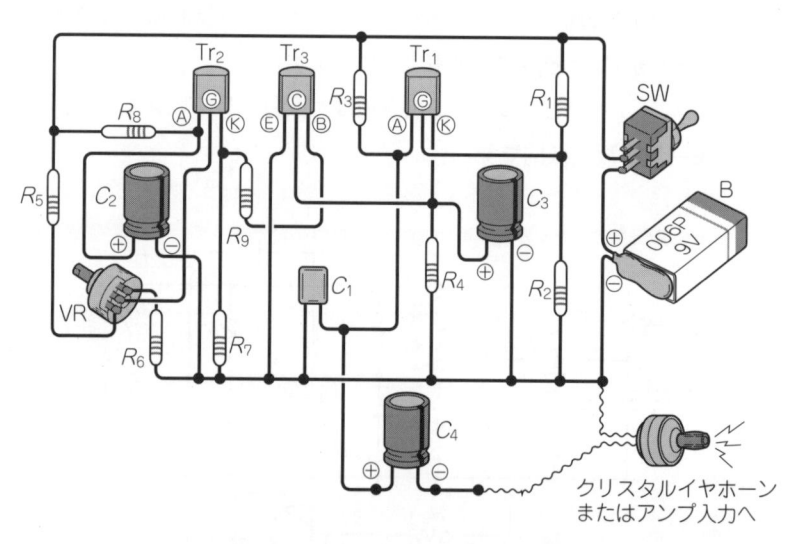

図 3.53 PUT さえずり発振器の結線図

3.2.7　C-MOS IC を使った低周波発振器

C-MOS PLL（シーモス・ピーエルエル）という IC を使った回路です。でも，本器では，すべてこの回路を利用しているのではなく，VCO（電圧制御型発振器）部のみを利用しています。

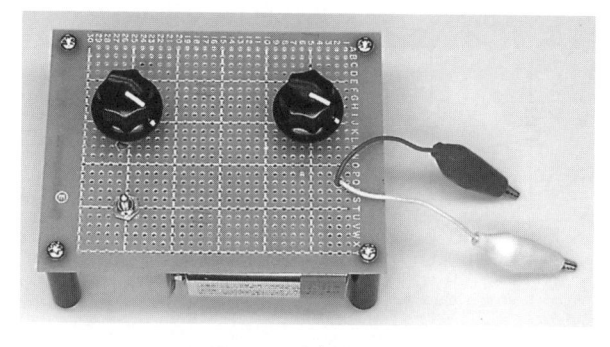

3.2 音の回路 **75**

(a)

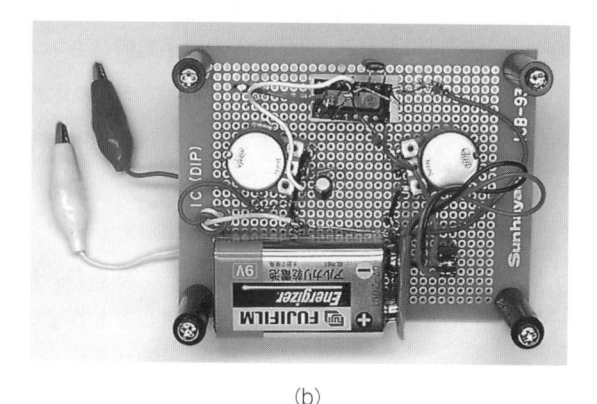

(b)

写真 3.15 C-MOS ICを使った低周波発振器

低周波発振器の回路

　図 3.54 に本器の回路を示します。IC 1 個，コンデンサ 2 個，抵抗 1 個，ボリューム 2 個，乾電池 1 個，出力ジャック 1 個，スイッチ 1 個が主な部品です。

　では，音が出る仕組みを説明しましょう。VCO 回路の入力に電圧変化を与えるだけです。この出力は方形波です。直流を切るため，電解コンデンサを介して出力端子に与えています。

　PLL に組み込まれている VCO は，部品構成が簡単で動作の安定性が高いという特長をもっています。また，PLL の IC は安価なのです。

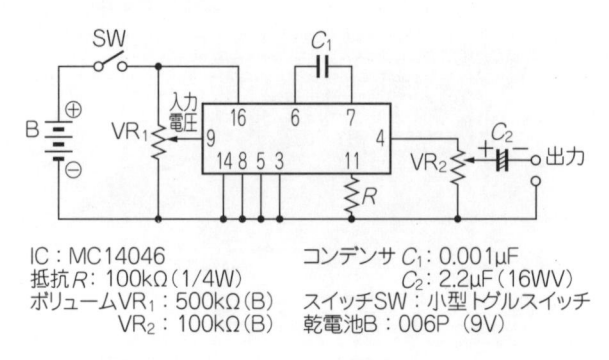

図 3.54 ICを使った低周波発振器の回路図

IC：MC14046
抵抗 R：100kΩ（1/4W）
ボリューム VR_1：500kΩ（B）
VR_2：100kΩ（B）
コンデンサ C_1：0.001μF
C_2：2.2μF（16WV）
スイッチSW：小型トグルスイッチ
乾電池B：006P（9V）

回路での注意点は，使用していない回路の入力端子処置はちゃんとしないといけません。C-MOS素子は，未使用の入力をアースかプラスの電源に接続しておかないと，静電気の影響を受けて，ICの一部あるいは全部を破壊する危険があります。

普通のトランジスタやダイオードでは，そんな心配はありませんが，C-MOSやMOSと呼ばれる半導体を使用するときは，注意が必要です。ICピン⑭，③かそれに当たるわけです。すべてアース（－側）に接続してあります。

低周波発振器の製作

製作図の図3.55に示します。プリント基板は，サンハヤト製のICB-86というDIP（デュアル・インライン・パッケージ：すなわちムカデ型ICのこと）用の小型穴あき基板を小さく切って使用しました。おなじみのICB-93Sを使用しても，もちろんよいでしょう。

スイッチやボリュームは小型のものが最適です。ボリュームは16型Bというものを選ぶとよいでしょう。16型はサイズで，Bは特性カーブの意味です。Bはリニア特性で，直線変化とか，正比例変化と呼ばれているものです。簡単にいえば，ボリュームの回転角と振抗値の変化が正比例しているという意味になります。

製作上のポイントを説明しましょう。C-MOS ICを使用しますから，必ずIC

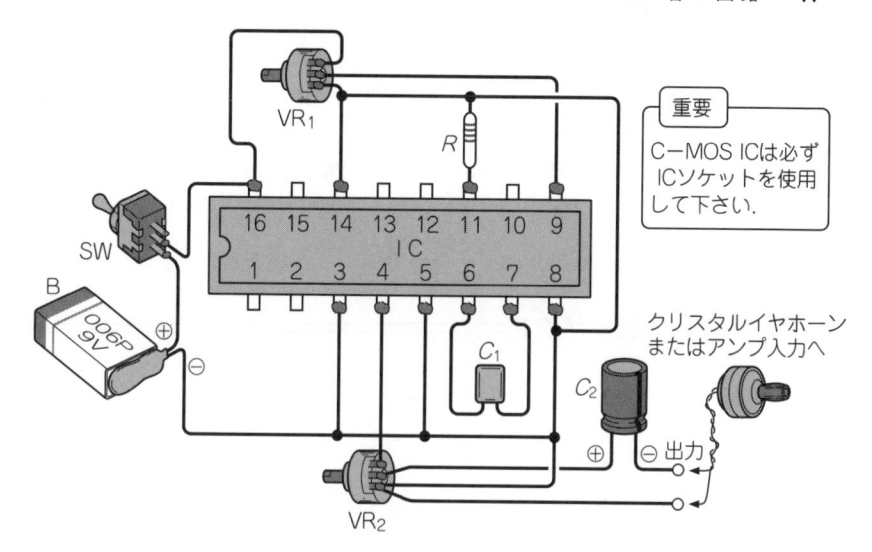

図 3.55 低周波発振器の製作図

ソケットを使用しましょう。ICの直接ハンダづけは厳禁です。おそらく，部品店でこのICを購入したとき，ICは銀紙か導電性の黒いスポンジに差し込まれているはずです。組立てが終了して，ICソケットに差し込むまで，ICを包みやスポンジから取り出さないようにしましょう。使用する前に，静電気が加わり，ICをオシャカにしてしまう可能性があるからです。衣服の静電気で，蛍光管が点灯するエネルギーがあることは，皆さんも経験したことあることでしょう。

プラスチックケースを使用しましたから，穴あけ加工はとても簡単にできるはずです。ドリルで下穴をあけ，中形のリーマーで穴を太くしていくと，作業がとてもスムースに行えます。

低周波発振器の使用法

配線チェックが完了しましたら，ICと電源をセットして動作させましょう。音が出ているかどうか，クリスタルイヤホーン(テレビやウォークマンに使用しているイヤホーンではありません！念のため)を，出力コンデンサ C_2 のマイナス側とアースに接続してモニター(試し聞き)します。

ボリューム VR_2 を中間あたりにセットして，VR_1 を回すと，ポツ・ポツ・・の雨のような音から，ピーという音に変わっていきます．だいたい発振周波数は，0.5Hz～15kHz ぐらいです．VR_1 を音階的に回すと，メロディーかなでられて，とても楽しい楽器になります．また，テンポを遅くしたとき，雨だれの音を聞いて，心を静めることもできます．3.4.2項（108ページ）で紹介します LM380 や LM386 のアンプを付けると，スピーカーで聞くことができます．

=== ワンポイント・ガイド ===

● C-MOS（シーモス）

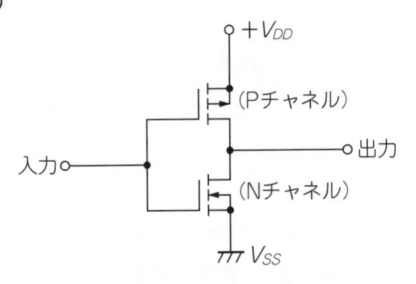

```
        ○ +V_DD
        │
       ┤├─(Pチャネル)
入力 ○─┤     ├──○ 出力
       ┤├─(Nチャネル)
        │
        ▽ V_SS
```

(a) C-MOSインバータ回路例

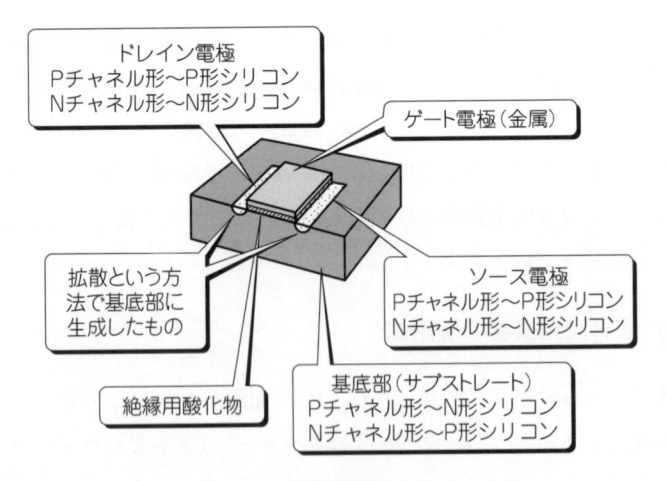

ドレイン電極
Pチャネル形～P形シリコン
Nチャネル形～N形シリコン

ゲート電極（金属）

拡散という方法で基底部に生成したもの

ソース電極
Pチャネル形～P形シリコン
Nチャネル形～N形シリコン

絶縁用酸化物

基底部（サブストレート）
Pチャネル形～N形シリコン
Nチャネル形～P形シリコン

(b) C-MOSの構造

図 3.56 C-MOSの回路と構造

図3.56のようにコンプリメンタリー(Pチャネル型とNチャネル型の半導体を直列に接続したもので"相補(そうほ)形"とも呼ばれます)のCと，メタルオキサイド・セミコンダクタ(金属電極と酸化膜をもつ半導体のこと)の頭文字MOSかくっついてC-MOSという名が生まれたわけです。

MOS系の半導体類は，銀紙に包まれていたり，導電性スポンジに差し込んだりして販売されています。理由は，すべて静電気から逃げるために考えられているわけで，MOS系の半導体類をハダカのまま，プラスチック製の容器などに入れることはやめましょう。

● PLL（ピーエルエル）

フェーズ・ロックド・ループ(Phase Locked Loop)の略称です。周波数の位相ずれをピタリと止める閉回路ということになります。図3.57にPLLのシステム例を示しましょう。フィードバックで制御するシステムとして有名です。

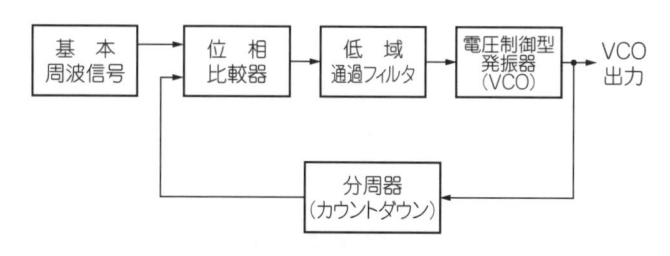

図3.57 PLLのシステム図

3.3 電波の回路

電波はいつも私たちの周りを飛び交っています。音や映像を電波に変えられているので，目には見えません。電波は電話線のように，電線を長く引きのばす必要がありませんので，**無線**とも呼ばれます。

放送電波を受信するラジオ受信機や，短波放送を聞く受信機，自分で電波をつくってミニ放送器(ワイヤレスマイク)は，簡単に電波を相手にした機器を自作することができます。ここでは，受信機やワイヤレスマイク，電波センサ(電波リ

レー）の製作を楽しみましょう．

3.3.1 鉱石ラジオ

　ラジオ受信機の基本として，"鉱石ラジオ"が代表です．ラジオ受信機の歴史で，一般家庭用として最初に普及したのもこのラジオです．鉱石ラジオは，はじめ方鉛鉱といわれる鉱石に金属針を接触させて電波を音声信号（低周波信号）に変え（電波を音声信号に変えることを**検波**といいます），イヤホーンで聞いていました．写真は，一時代を風靡した**"鉱石検波器"**です．鉱石検波器の中に，方鉛鉱が入っているのです．

　現在では，この方鉛鉱を使用した鉱石検波器はありません．ゲルマニウムダイオードにとって変わりました．ゲルマニウムダイオードのほうが高性能で，製造コストが低いからです．今では，"鉱石検波器"といえば，ゲルマニウムダイオードを指します．

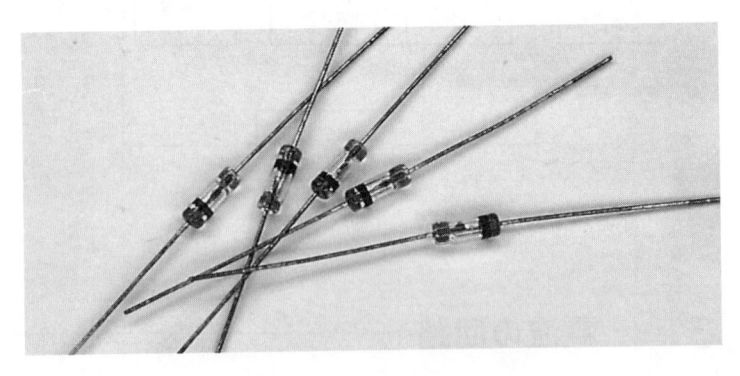

写真 3.16　ゲルマニウムダイオード

■ 鉱石ラジオの回路

　図 3.58 に鉱石ラジオの回路を示します．コイル 1 個，バリコン 1 個，ゲルマニウムダイオード 1 個，抵抗 1 個，コンデンサ 1 個，クリスタルイヤホーン 1 個の大変少ない構成の部品でできています．電波を受信するシステムの基本ですの

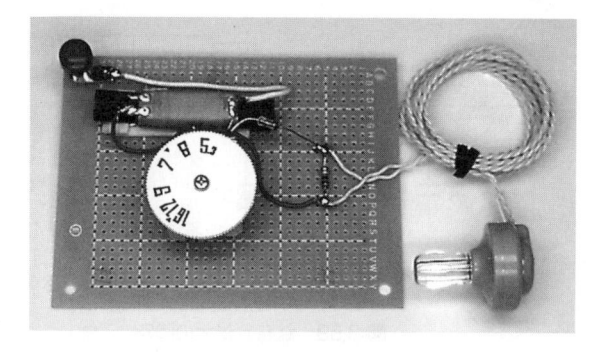

(a)

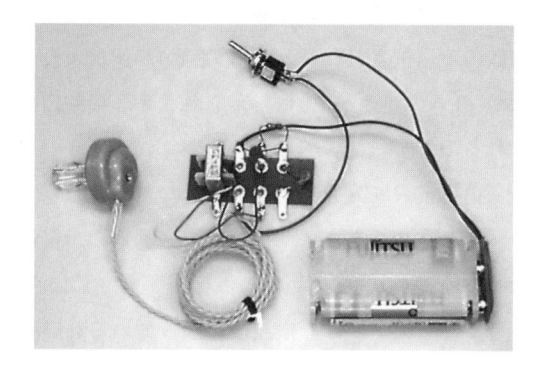

(b)

写真 3.17 鉱石ラジオ

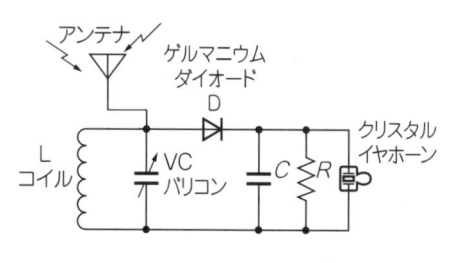

図 3.58 鉱石ラジオの基本構成

で，大変勉強になります。

　鉱石ラジオの受信システムについて説明しましょう。図3.59を見てください。

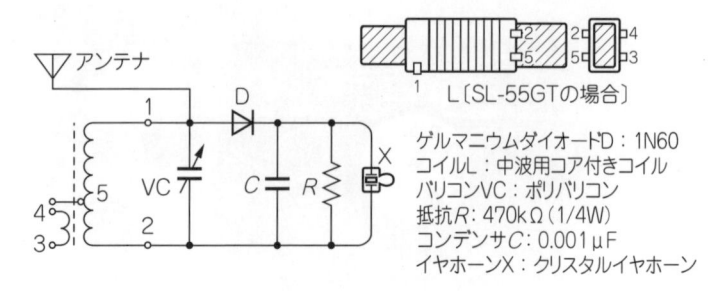

図 3.59 鉱石ラジオの回路

アンテナから入ってきた電波は，コイルとバリコンで構成される同調回路で，ある希望する周波数のみ選択され（選局といいます），選択された周波数の電波だけが検波器（ゲルマニウムダイオード）に与えられます。検波器は音声信号を電波から取り出してくれるのです。

検波出力は，負荷抵抗 R で電圧変化になり，クリスタルイヤホーンに電圧を与えることによって，クリスタルイヤホーンの振動箔のが振動して，私たちの耳に音となって伝わるのです。

検波器の後にあるコンデンサは，検波後に残っている高周波（電波）成分をアース側に流し，きれいな音声信号にするためです。音も少しソフト（柔らかく）になります。

鉱石ラジオの製作

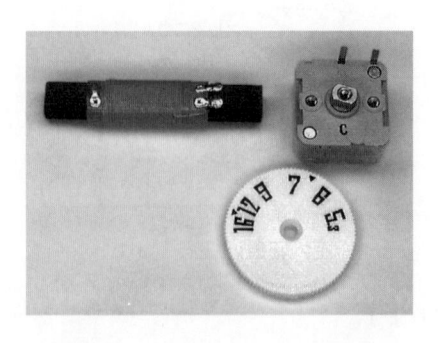

写真 3.18 中波用コイルとポリバリコン

コイルは，コア入りの中波用のコイルならどの型名でもかまいません。バリコンは，ポリバリコンと呼ばれる小型のバリコンを使用します。

基板上にコイル L，ダイオード D，と抵抗 R を組み上げます。バリコン VC は，簡単に取り付けるために，両面テープで，ケースに貼り付けるとよいでしょう。結線図を図 3.60 に示します。

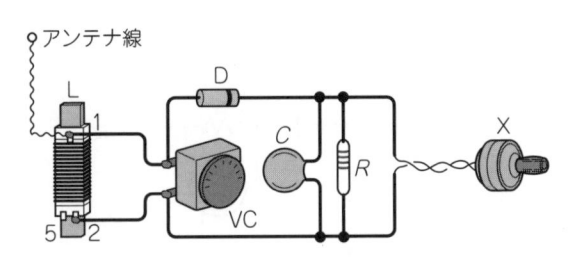

図 3.60　鉱石ラジオの結線図

■ 鉱石ラジオの使い方

鉱石ラジオをうまく聞くには，長いアンテナ線を使用します。アンテナはビニール線を 10m～20m ぐらい，屋外に張ると完璧です。やむをえない場合には，室内の壁に巻く方法もあります。また，コンデンサをアンテナ線の先に取り付け，家庭用 AC100V の片側に接続し，アンテナがわりとして使用することもできます。それらの方法を図 3.61 に示します。

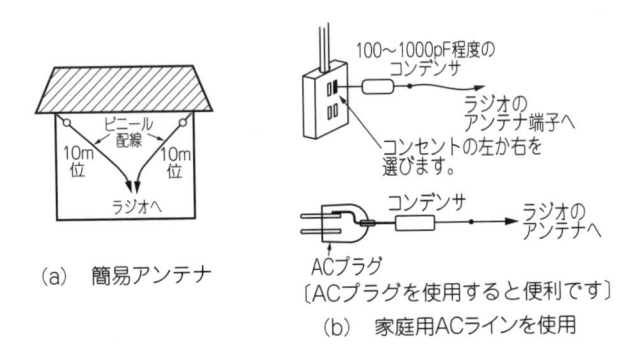

(a)　簡易アンテナ

(b)　家庭用 AC ラインを使用
〔AC プラグを使用すると便利です〕

図 3.61　鉱石ラジオのアンテナのいろいろ

■ イヤホーンアンプの増設

この鉱石ラジオをもう少し大きな音で楽しむ方法として，イヤホーンアンプの増設が最適です。トランジスタ1個を使用した簡易アンプです。この回路を図3.62に示します。トランジスタ1個，抵抗2個，低周波トランス1個，単3乾電

トランジスタTr：2SC1815　　バリコンVC：ポリバリコン
ダイオードD：1N60　　　　　 コンデンサC：0.047μF
コイルL：SL-55GT　　　　　　スイッチSW：小型トグルスイッチ
低周波トランスT：ST-30　　　 イヤホーンX：クリスタルイヤホーン
抵抗R_1：470kΩ(1/4W)　　　乾電池B：単3×2本(3V)
　　R_2：2MΩ(1/4W)

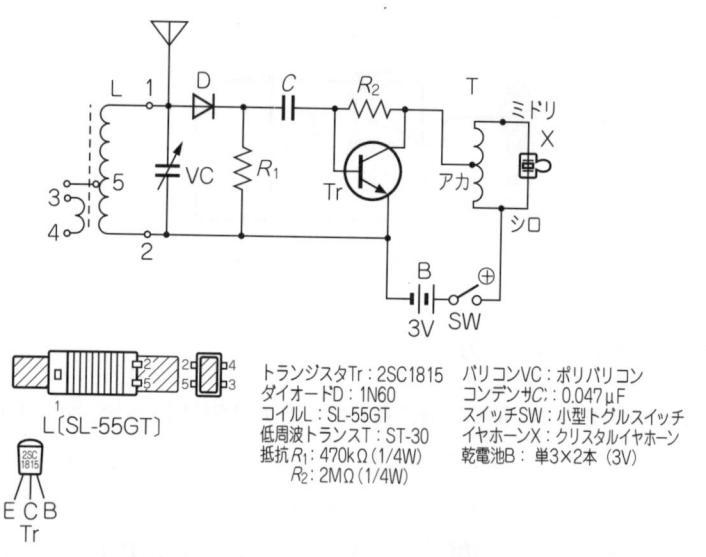

図 3.62　イヤホーンアンプを設けた回路

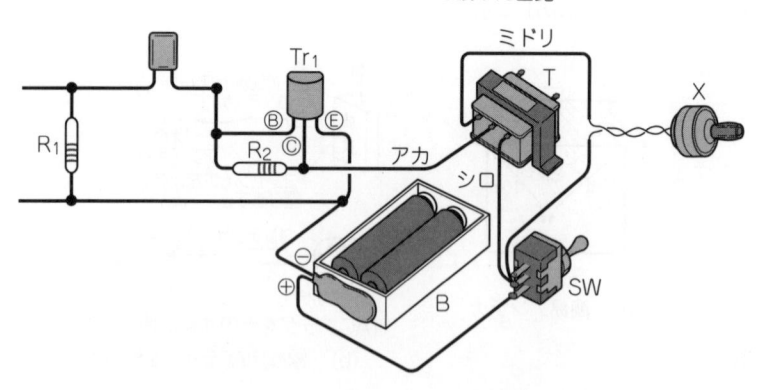

図 3.63　イヤホーンアンプの製作図

池1個の構成です。

　自己バイアス回路方式です。基板のあいている部分に組み上げるとよいでしょう。電源は単三乾電池2個の3Vです。流れる電流は50μA程度ですので，電池の消耗は非常に少なくなっています。アンプ部の製作図を図3.63に示します。

3.3.2　レフレックスラジオ

　トランジスタ1個で鉱石ラジオより大きな音が楽しめる**レフレックス方式**と呼ばれる中波帯のラジオです。レフレックス方式とは，1個のトランジスタで高周波増幅し，この増幅信号をゲルマニウムダイオードで検波させ，低周波増幅させ

(a)

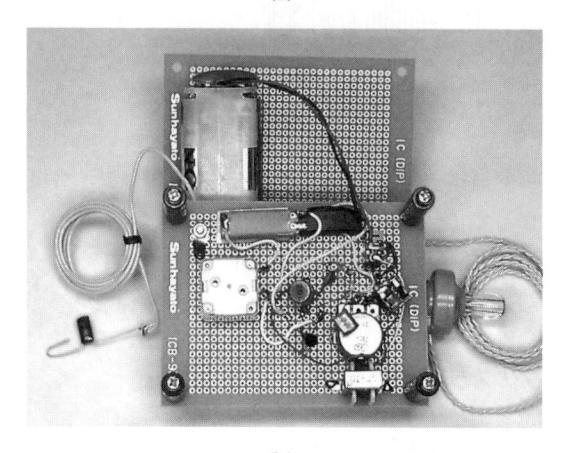

(b)

写真 3.19　レフレックスラジオ

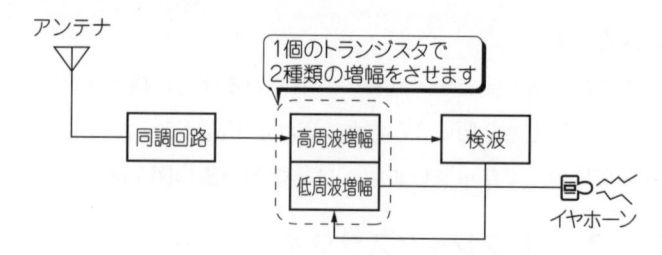

図 3.64 レフレックス方式の構成図

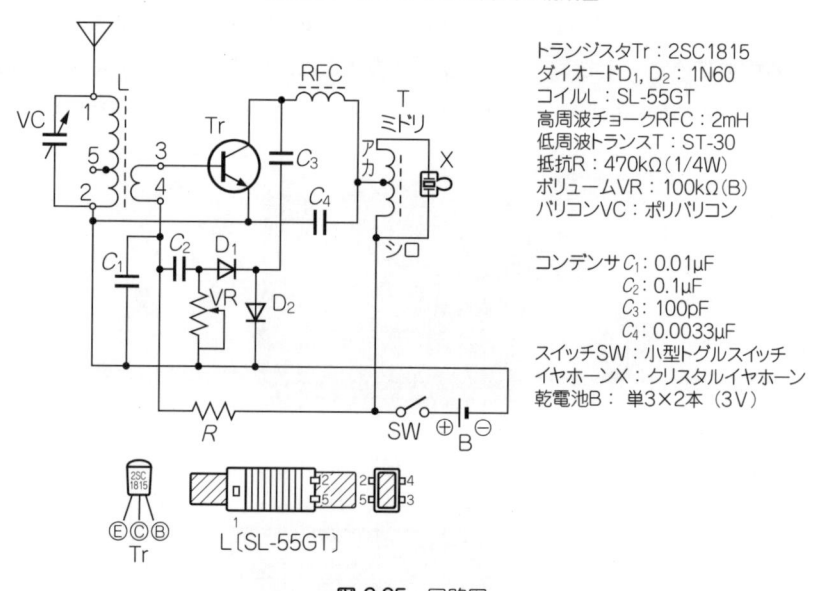

図 3.65 回路図

ます。この低周波信号をもう一度トランジスタに戻して，今度は低周波増幅させて，大きな音にしてイヤホーンを鳴らせます。

1個のトランジスタをむだなく使用しています。このレフレックス方式の図を図 3.64 に示します。次に回路図を図 3.65 に示しましょう。

■ レフレックスラジオの製作

電気部品は同調コイル1個，トランジスタ1個，ダイオード2個，高周波チョーク1個，低周波トランス1個，抵抗1個，コンデンサ5個，単三乾電池1個です。

コイル L とポリバリコン VC で選択された電波は，トランジスタ Tr のコレクタ側に受信電波の増幅されたものが出されます。この出力信号は高周波チョーク RFC で阻止され，低周波トランス T にはいかず，ダイオード D_1，D_2 に進みます。ダイオード D_1 と D_2 の**倍電圧整流回路**と呼ばれる出力レベルの高い検波部を経て，低周波信号に変え，再びトランジスタ Tr のベースに与えられます。今度はトランジスタ Tr で低周波増幅を行わせるのです。したがって，トランジスタ Tr のコレクタからは，増幅された低周波増幅が出てきます。この信号は高周波チョーク RFC を素通りして，トランス T に与えられ，さらに信号レベルが上げられイヤホーンを鳴らせます。

図 3.66 に製作図を示します。

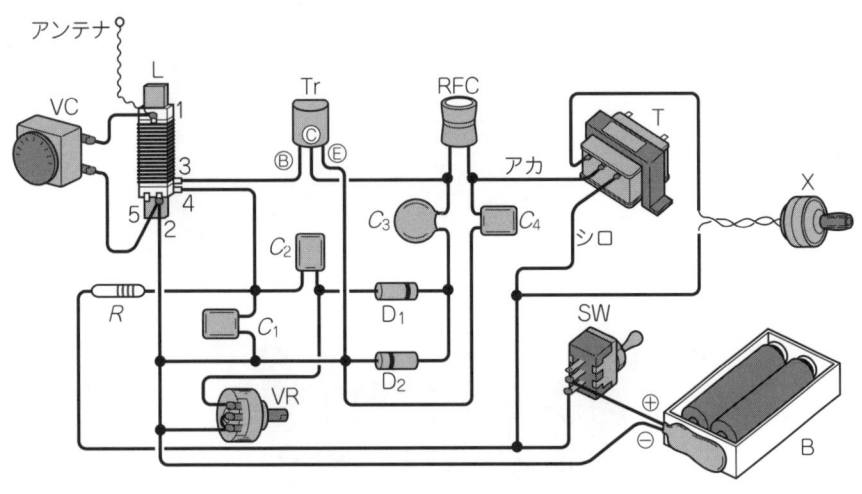

図 3.66 レフレックスラジオの製作図

■ レフレックスラジオの使い方

感度が弱い場合には，アンテナ線を長くしたり，鉱石ラジオで示しました代用アンテナを使用すると，大きな音を楽しむことができます。

3.3.3 AM（中波帯）ワイヤレスブザー

中波帯のワイヤレスブザーです。図3.67示されるとおり，中波帯（ラジオ放送帯）のポケットラジオと送信器（本器）1組で，2組用意すれば，お互いに離れて通信が可能になります。簡単にいえば"中波帯ワイヤレス発振器"というわけです。

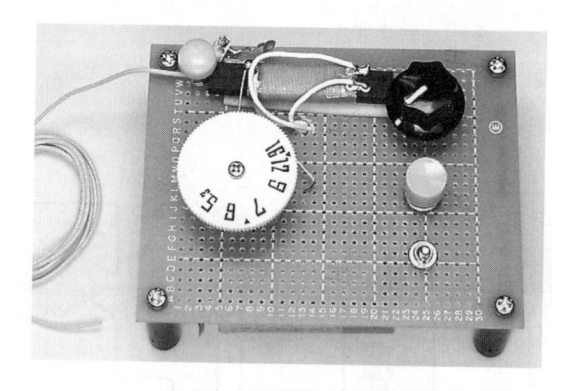

(a)

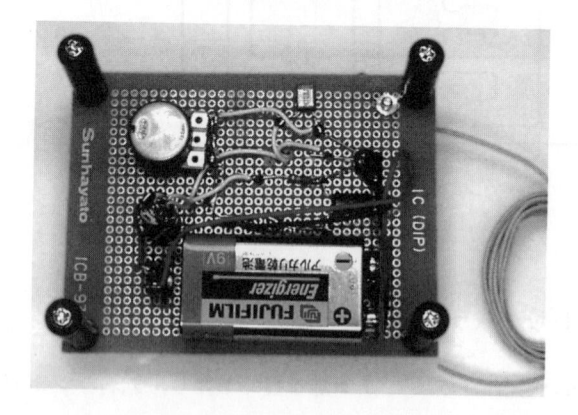

(b)

写真 3.20　AMワイヤレスブザー

3.3 電波の回路　**89**

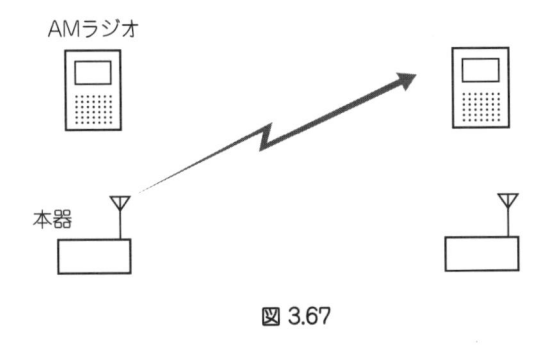

図3.67

再生式ラジオの回路

この回路は，簡易型受信機で有名な **"再生式受信機"** でよく見られる回路です。図 3.68 に "再生式中波帯ラジオ" の回路例を示します。この回路の再生部分が本器の回路になっています。

本器の回路例と同じです。

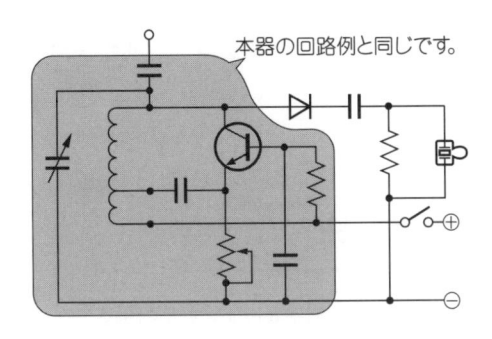

図 3.68　再生式中波帯ラジオの回路例

図 3.69 に本器の回路を示します。トランジスタ 1 石の簡単な回路です。再生式ラジオは，同調回路部分でこの同調回路を使って発振直前状態(この場合，**再生**と呼ばれます)にすると，同調回路部分の感度特性が上昇(同調回路の Q が上がるといいます)するので，高周波増幅を設けたのと同じ効果を得ることができます。したがって，たいへん弱い電波も受信することが可能なラジオができあがります。

その昔，真空管やトランジスタの性能が未熟な時代，各素子の特性をカバーするために，"再生式"は重宝がられていました．現在では，トランジスタの性能はとても素晴らしく向上しましたので，そんな細工は不要になりました．再生をかけなくとも，純粋に高周波増幅と検波信号を戻して再増幅する"レフレックスラジオ"が，現在の超簡単ラジオの主流になっています．

ここで，"再生式ラジオ"の特徴について説明を続けます．"再生式は，発振直前を保つ"といいましたように，常に発振状態になりやすい性質があります．ですから，この"再生式ラジオ"を使っていると，そばにあるラジオにピュー・ヒャーというような発振音がかぶさる欠点ももっています．これも使用されなくなってきた原因かもしれません．ところで，この"再生式"の欠点を利用したのが，本器の回路です．

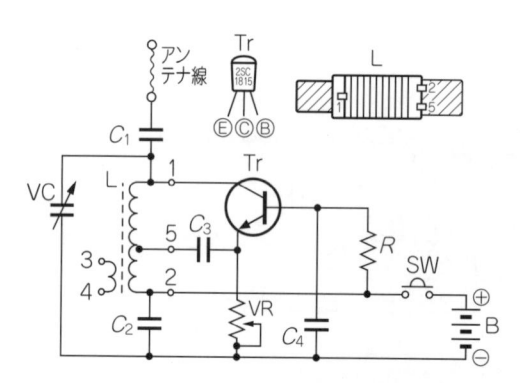

トランジスタTr : 2SC1815
コイルL : SL-55GT
抵抗R : 100kΩ (1/4W)
ボリュームVR : 100kΩ (B)
コンデンサ C_1 : 20pF
　　　　　C_2 : 0.001μF
　　　　　C_3 : 0.01μF
　　　　　C_4 : 0.0047μF
スイッチSW : 小型押しボタンスイッチ
乾電池B : 006P (9V)

図 3.69　再生式中波帯ラジオの回路図

"再生式ラジオ"の"再生回路"をソックリいただいちゃうという趣向です．お気づきでしょうか，このピューやヒャーという音を出して通信しようというわけなのです．これなら，無線の免許が不要ということもおわかりいただけるでしょう．

■ ワイヤレスブザーの製作

では，本器を製作することにしましょう．サンハヤト製基板 ICB-93S 上に組

み上げました。長さ 30 mm のスペーサー 4 本を足にしています。底板として同じ基板を使用して、しっかりした構造にしています。

コイル L，ポリバリコン VC，トランジスタ Tr，再生用ボリューム VR，の配置はそれぞれを寄せて並べるようにします。

アンテナ線を接続する端子は、小さなベビー端子(縦長)を使用しました。1m のビニール線をコンデンサ C_1 から引き出す場合には、ベビー端子は不要です。

結線図を図 3.70 に示します。

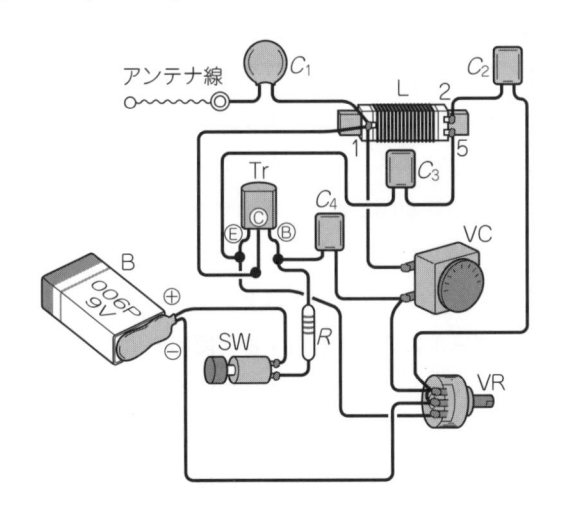

図 3.70 ワイヤレスブザーの結線図

■ 配線チェック

製作が完了しましたら、配線チェックをしましょう。電解コンデンサや電池など極性のあるものは必ず+，－を確認します。トランジスタの E (エミッタ)，C (コレクタ)，B (ベース)の各足も確認します。

■ ワイヤレスブザーの操作法

配線チェックが完了しましたら、中波帯が受信できるテーブルラジオかポケットラジオを準備します。このラジオの電源を入れて放送を受信してください。ど

こかの放送が聞こえたら、ダイアルを回して放送局と放送局の間にセットします。

この状態で、今度は製作した送信器の調整に入りましょう。送信器のアンテナ用ベビー端子に1m程度のビニール線を接続します。上部に伸ばしたほうがよいでしょう。

押しボタンスイッチSW（電源スイッチ共用です。押したとき電源が入ります）を押しながら、バリコンVCを回しましょう。受信中のラジオの状態が、急に"ポコ"というような穴があいたような音が聞こえるところが見つかるはずです。

受信周波数と送信周波数が一致した証拠です。このポイントが見つかりましたら、今度は、再生を掛けて、ピューという発振音を出させましょう。

ボリュームVRを静かに回してみましょう。左端から右へ、または右端から左へスタートはどちらからでもかまいません。ボリュームVRを回していくと、受信機から"ビュー"という音が聞こえてくるはずです。お好みの発信音を選びましょう。これで調整は完了です。

信号の有無を伝送するには、ただ押しボタンを押すだけでかまいませんが、通信を行う場合には、モールス符号を利用すると便利です。試してみましょう。

ピュー・ピュー・ピューという音がどこまで届くかが楽しみです。本器では、1mほどのアンテナ線を使用して、およそ20m離れても信号が受信できました。離れると信号音が小さくなっていきますが、最長到達距離に挑戦してみてはいかがですか？

3.3.4　FMワイヤレスブザーとワイヤレスマイク

離れたところのブザーを鳴らすには、配線をするのが普通ですが、このブザーはFMラジオにブザー音（ピーと高い音ですが）を鳴らそうというシステムです。

FMバンドが聞けるポケットラジオがスピーカー代わりとなり、ひも付きのわずらわしさから開放されるとともに、2セット用意すれば、ちょっと離れた同士で、通信のまねごとができて、楽しさも増します。

音を使って通信をする場合には、モールス符号を使うと、英文字や数字、カナ文字を表現することができます。お互いに符号表を見ながら通信するとおもしろ

FMワイヤレスブザーの回路

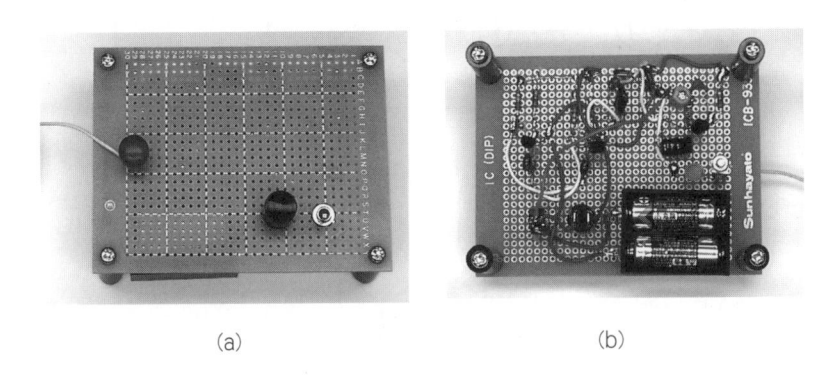

(a)　(b)

写真 3.21　FMワイヤレスブザー

図 3.71 に FM ワイヤレスブザーの回路図を示します。大変簡単な回路です。発振回路は，**コルピッツ式**と呼ばれるもので，トランジスタ Tr のコレクタとエミッタ間にコンデンサが入っていますので，すぐわかります。低周波発振部は，マルチバイブレータ回路です。

図 3.71 の高周波部分における回路図中では，コンデンサ C_2 に当たりますが，このコンデンサとトランジスタ Tr のベースとエミッタ間の内部容量が反結合の関係になるため，発振条件をつくることになります。

ところで，トランジスタ Tr のコレクタとエミッタ間にも内部的な容量がありますが，ベースとエミッタ間の内部容量より小さいため，外付けコンデンサ C_3 が設けられています。

発振周波数を主に決定するものが，コイル L とトリマ・コンデンサ VC です。また，トランジスタは，コレクタ電流やコレクタとエミッタ間の電圧を変化させると，トランジスタ内部の電極間の内部容量が変化する性質をもっています。

ですから，トランジスタの入力を低周波信号で変化させるとトランジスタ Tr

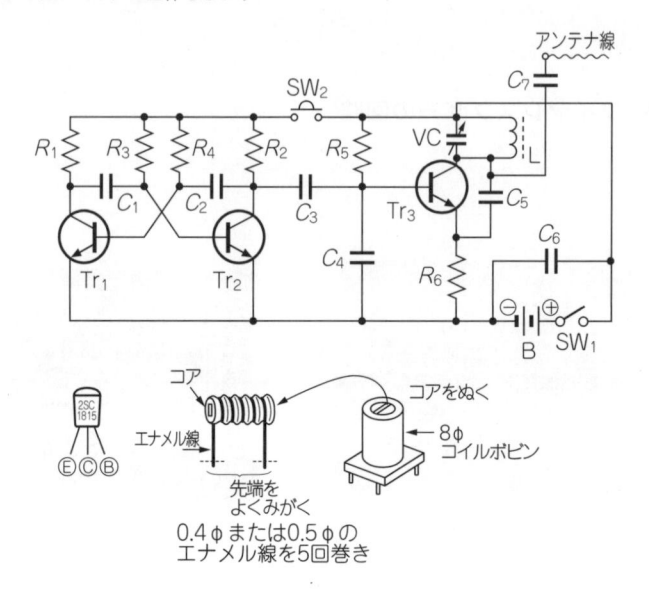

トランジスタ Tr_1〜Tr_3：2SC1815
抵抗 R_1, R_3：1kΩ(1/4W)
　　R_2, R_4：100kΩ(1/4W)
　　R_5：22kΩ(1/4W)
　　R_6：100Ω(1/4W)
コンデンサ C_1, C_2：0.01μF
コンデンサ C_3, C_4, C_6：0.0047μF
　　　　　C_5：10pF
　　　　　C_7：50pF
バリコンVC：45p 小型トリマーコンデンサ
スイッチSW_1：小型トグルスイッチ
スイッチSW_2：小型押しボタンスイッチ
乾電池B：単3または単5を2本(3V)

図 3.71 FMワイヤレスブザーの回路

写真 3.22 8mmφのコイルボビンとコア

の出力部の静電容量値が変化し、最終的にはVCに変化を与えるので、発振周波数が低周波信号によって変化し、FM電波が得られるのです。

さらに、低周波発振回路の電源を押しボタンスイッチや電鍵でオン・オフすることで、信号音が送出されます。普通のFMワイヤレスマイクでは、図3.73の回路のように、低周波発振器の代わりに、マイク回路が接続されています。

■ FMワイヤレスブザーの製作

それでは、図3.71の回路を製作することにしましょう。図3.72に部品の結線図を示します。

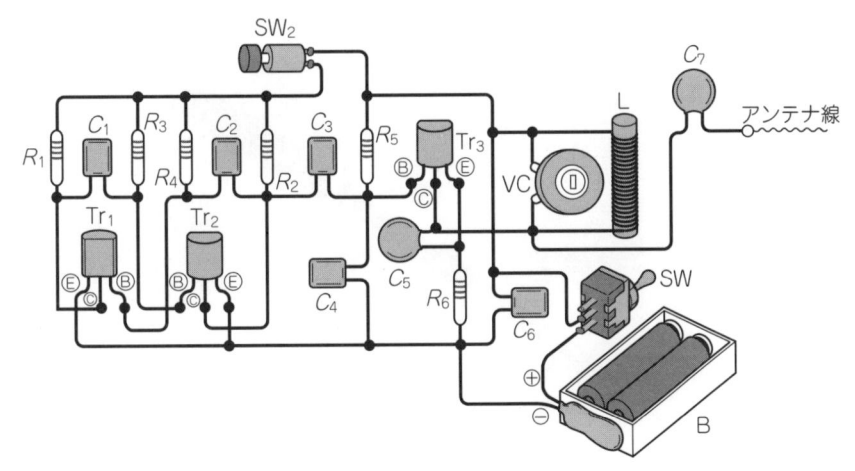

図 3.72 FMワイヤレスブザーの製作図

サンハヤト製の穴あき基板を使って、組み上げます。コイルは0.44mmか0.55mmのエナメル線を、写真3.21に示すような直径8mm（8mmφ）のコイルボビンに使われているコアを抜いて、抜いたコアに5回、溝に沿って巻きつけてつくります。コアは50MHz帯用のものがいいですが、お店で不明な場合はどんなものでもかまいません。

バリコンにあたるトリマコンデンサVCは、小型の45pFか50pFのものを使います。

組み上げましたら，組み上げた回路に合ったケースを見つけて収納しましょう。電源スイッチや押しボタンスイッチをケースに取り付けます。アンテナは，ビニール線を 30cm ほどつなげて，ケースに穴をあけて，そこから外に出します。

■ FM ワイヤレスブザーの調整

完成しましたら，調整をしましょう。まず FM ラジオを用意します。FM ラジオの電源スイッチを入れ，80MHz 付近で放送のないところを探します。ザーと音が聞こえているかも知れません。この状態で，本器の電源を入れます。周波数の設定には金属ドライバーは使用しません。プラスチック製の調整用ドライバーを使って，トリマコンデンサ VC を静かに回します。

写真 3.23　調整用ドライバー

すると，FM ラジオから出ている雑音が急に消える位置があるはずです。そこがブザーの受信周波数ということになります。続いて押しボタンスイッチを押してみましょう。ピー・ピーと発振音が聞こえるはずです。これで調整は完了です。

■ ワイヤレスマイクの機能もつける

クリスタルマイクやクリスタルイヤホーンをマイク代わりに使用したワイヤレスマイクの機能をつけた回路を図 3.73 に示します。機能が倍増するので，楽しみ方も倍増することでしょう。

3.3 電波の回路

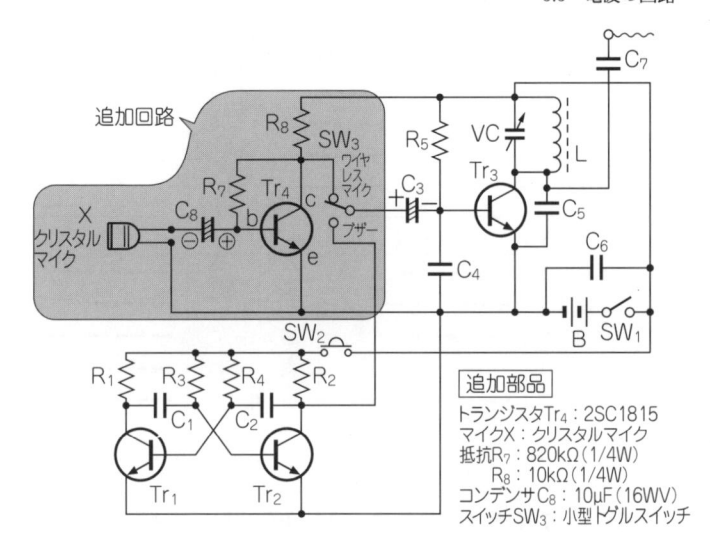

図 3.73 ワイヤレスマイク機能をつけた回路

追加部品
トランジスタTr_4：2SC1815
マイクX：クリスタルマイク
抵抗R_7：820kΩ(1/4W)
　　R_8：10kΩ(1/4W)
コンデンサC_8：10μF(16WV)
スイッチSW_3：小型トグルスイッチ

使い方のヒント

とても簡単な回路ですから，だれでも容易に製作できます．高周波回路と低周波回路を一度に実験できるので，贅沢な回路といえるかも知れません．

表3.2に電信用のモールスコード(モールス符号)を示します．通信のときの参考にしてください．

表3.2 電信用のモールスコード(欧文)

文字	モールス信号	文字	モールス信号	文字	モールス信号
A	・－	J	・－－－	S	・・・
B	－・・・	K	－・－	T	－
C	－・－・	L	・－・・	U	・・－
D	－・・	M	－－	V	・・・－
E	・	N	－・	W	・－－
F	・・－・	O	－－－	X	－・・－
G	－－・	P	・－－・	Y	－・－－
H	・・・・	Q	－－・－	Z	－－・・
I	・・	R	・－・	訂正符号	・・・・・・・・

(つづく)

数字	モールス信号	数字	モールス信号	数字	モールス信号
1	・－－－－	5	・・・・・	9	－－－－・
2	・・－－－	6	－・・・・	0	－－－－－
3	・・・－－	7	－－・・・		
4	・・・・－	8	－－－・・		

記号	名称	モールス信号	記号	名称	モールス信号
．	終点	・－・－・－	－	連絡線または横線	－・・・・－
，	小読点	－－・・－－	(	左かっこ	－・－－・
：	重点	－－－・・・	)	右かっこ	－・－－・－
？	問符	・・－－・・	／	斜線	－・・－・
'	略符	・－－－－・	" "	引用符	・－・・－・

3.3.5　ワイヤレスミニ TV 送信器

ミニ TV 局を楽しみましょう。ホームビデオシステムの強化機能として，応用がいろいろ可能です。テレビのワイヤレスミニ送信器です。

■ ミニテレビ送信器の回路

図 3.74 にミニテレビ送信器の回路図を示します。

1 石の発振回路にテレビカメラからのコンポジット信号（映像信号と同期信号

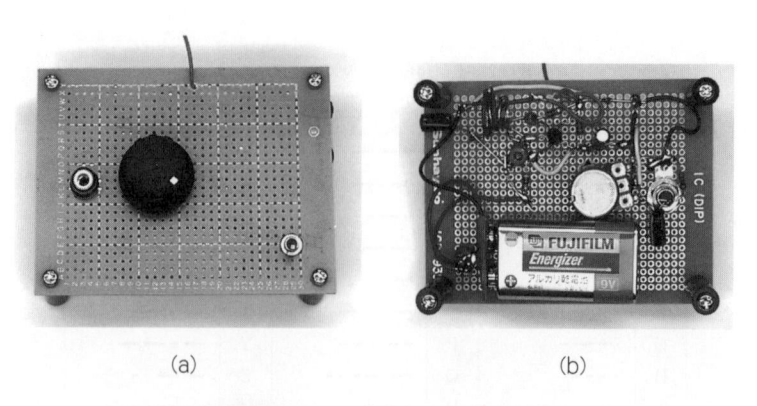

(a)　(b)

写真 3.24　ワイヤレスミニTV送信器

3.3 電波の回路　**99**

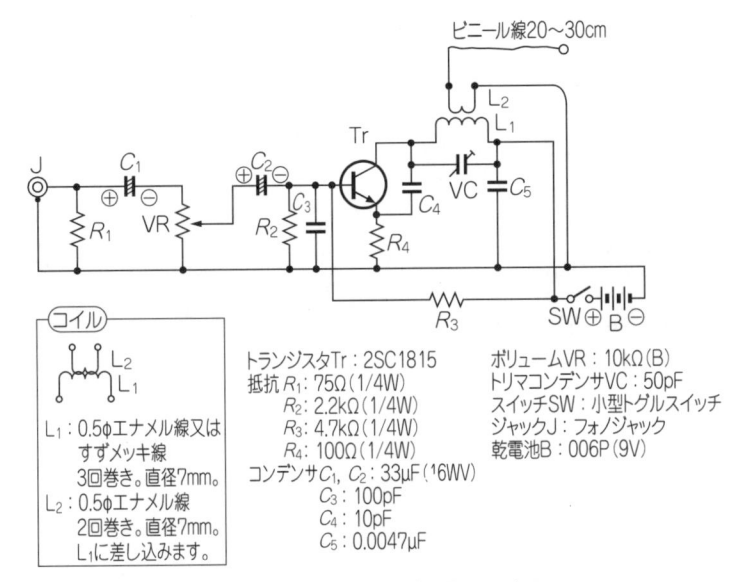

図 3.74 ミニテレビ送信器の回路図

トランジスタTr：2SC1815
抵抗 R_1：75Ω(1/4W)
　　 R_2：2.2kΩ(1/4W)
　　 R_3：4.7kΩ(1/4W)
　　 R_4：100Ω(1/4W)
コンデンサ C_1, C_2：33μF(16WV)
　　 C_3：100pF
　　 C_4：10pF
　　 C_5：0.0047μF
ボリュームVR：10kΩ(B)
トリマコンデンサVC：50pF
スイッチSW：小型トグルスイッチ
ジャックJ：フォノジャック
乾電池B：006P(9V)

コイル
L_1：0.5φエナメル線又はすずメッキ線 3回巻き。直径7mm。
L_2：0.5φエナメル線 2回巻き。直径7mm。L_1に差し込みます。

か混合されたミックス信号のことです）が与えられ，出力レベルが変化することにより，テレビ電波をつくるというものです。

　発振回路は，**コルピッツ式**と呼ばれるもので，トランジスタのコレクタとエミッタ間にコンデンサを入れた特長ある回路です。このコンデンサとトランジスタのベースとエミッタ間の内部的な容量とがからみあって，発振条件をつくるというものです。

　発振周波数は主にコイルLと可変コンデンサVCです。受像機側で使用するチャネル（1チャネルか2チャネル）に合わせます。

　テレビカメラからの映像信号と同期信号がミックスしたコンポジット信号は，発振トランジスタのベースに与えられ，発振の出力が変化します。同期信号や画像が黒っぽい場合には出力は大きく，また白い画像に対して，出力が低下するようになっています。なぜかといいますと，テレビ受像機のほうの仕組みがそうなっているからなのです。この方式を**NTSC方式**と呼び，アメリカと日本の標準方式になっているのです。図3.75にこの方式の図解を示します。

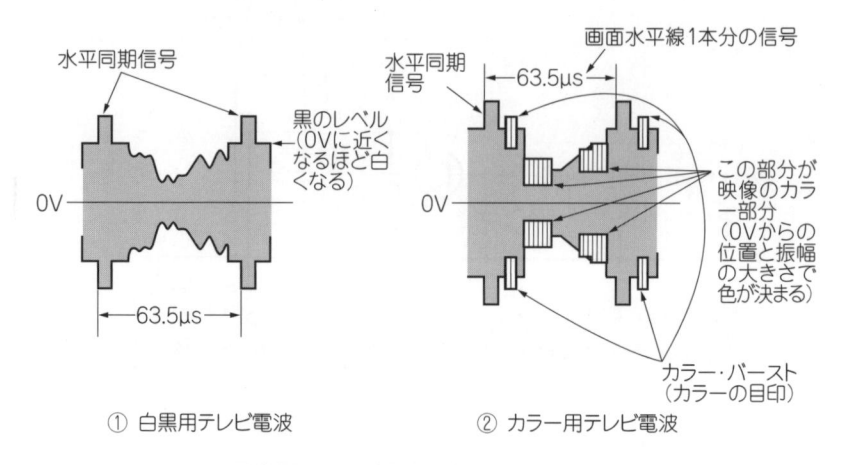

図 3.75 テレビ電波の波形（NTSC方式）

すいぶん複雑な信号です。この映像信号や同期信号を自分でつくるとなると，とても大変ですが，ビデオカメラやビデオデッキからの出力信号は，このコンポジット信号になっていますので，心配は不要なのです。ですから，私たちはこの信号をうまく使って，電波として出してやれば，受像機(テレビ)でこれまたちゃんと画像にしてくれるというものなのです。

◼ ミニテレビ送信器の製作

図 3.76 に結線図を示します。

小さなプラスチックケースの中に入れるとよいでしょう。ただ可変バリコンの調整ができるよう，配置やケースの穴を考える必要があります。見本では，アクリル製品のプラスチックケースのふたに基板や電池，スイッチなどをのせてみました。

◼ ミニテレビ送信器の使い方

めでたく完成しましたら，アンテナ端子に 20〜30cm 程度のビニール線や太目のエナメル線をつけて動作させてみましょう。

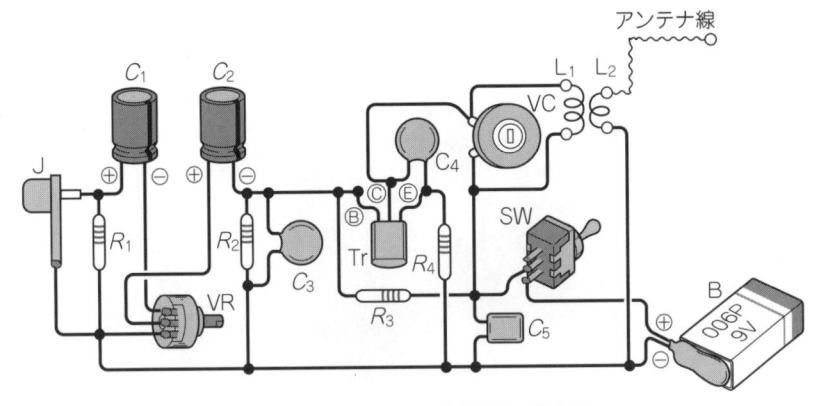

図 3.76 ミニテレビ送信器の製作図

　まずカメラやデッキは接続しなくてもかまいません。テレビ(受像機)は第1チャネルか第2チャネル(空チャネルを選択します)を設定して受信態勢にはいります。

　ミニ送信器の可変コンデンサを静かに回しましょう。突然、テレビの画面がサーといった感じから、ポコンと変化するところがあるはずです。雑音性の画面が消えることでしょう。

　次にカメラやデッキをミニTV送信器に接続して動作させます。レベル調整用のボリュームVRを調整すると、はっきりした画像がテレビの画面に映し出されます。コツはカメラやデッキと接続する配線の長さを長くしないことです。不安定動作の原因にもなります。20〜30cmくらいにしましょう。

　周囲条件によりますが、およそ10mくらいは飛ぶと思います。家の中と庭先とのワイヤレスが楽しめます。

3.4　かわいい IC 回路のいろいろ

3.4.1　NE555

　NE555はタイマーICとして人気の高いものです。通称"555(ゴー・ゴー・ゴー)"

写真 3.25　かわいいICのいろいろ

と呼ばれるもので，発振器や精度の高い時間信号発生器として使用されます。このICは国内外のいろいろなメーカーから発売され，とても安いICです。

図3.77に"555"の外形図，内部構成図，等価回路図を示します。"555"は，本来タイミング発生用として設計されたもので，非常に高い安定性をもったICです。タイミングのスタート(トリガ機能)や，タイミングの解除(リセット機能)ができる入力端子を備えています。

時間遅延用に使用する場合の時間設定は，1個の抵抗と1個のコンデンサで正確に行なえます。発振器としても安定な動作を行い，フリーランニング(自走型連続信号発生)発振器の周波数と，デューティサイクル(1サイクルにおける出力が発生する期間の割合)は，2個の外付け抵抗と1個のコンデンサにより，正確に設定することができます。なお出力部は最大0.2Aの電流容量をもち，小型のリレーなどを負荷として直結可能です。また発振周波数は，最高200kHzを数えます。

555の基本回路

ここで，"555"を使用した基本回路について説明しましょう。動作を理解することができます。

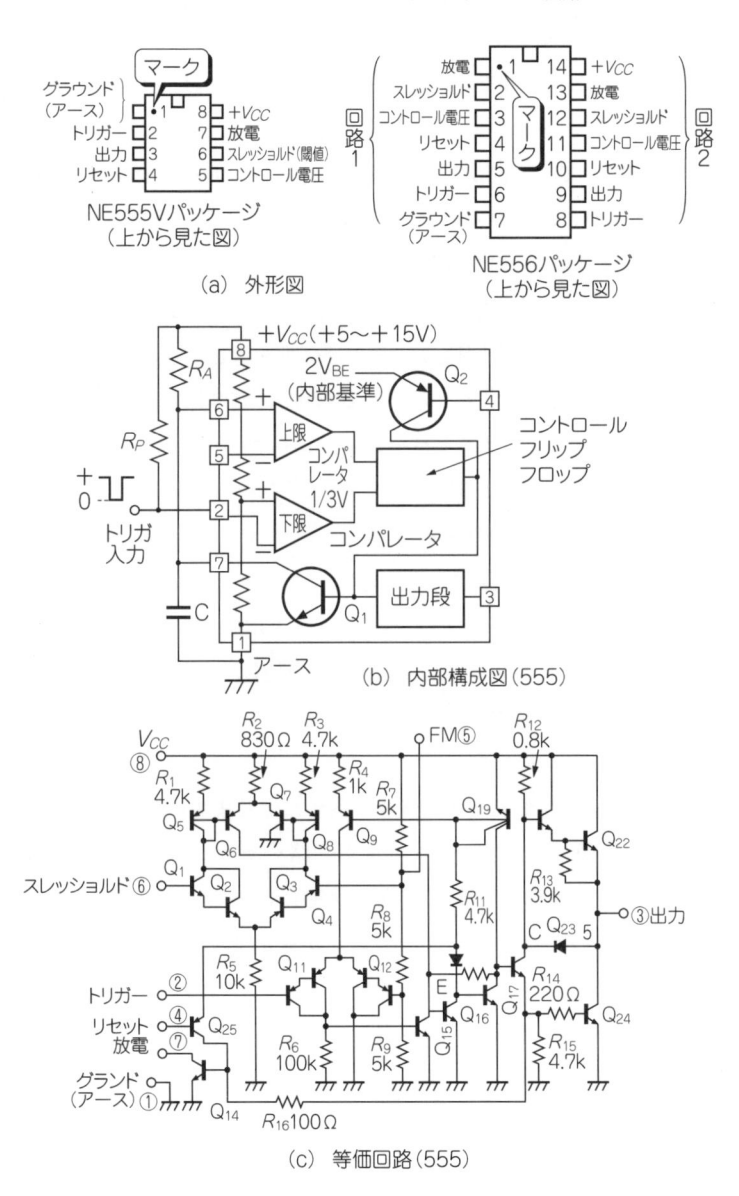

図 3.77 555の外形図，内部構成図，等価回路図

● モノステーブル・モード

別名ワンショット・マルチバイブレータ(単安定発振器)と呼ばれる動作回路です。

図3.77(b)において，回路が待機状態のときには，トランジスタ Q_1 が ON(導通)状態になるように，フリップフロップ回路(セットとリセットの入力によって，出力に信号を発生するもの)が動作しています。

したがって，タイミング用コンデンサ C が，アースにショートされることがわかります。出力ピン ③ も同様にアースレベルを示します。内部で構成している 5 kΩ の電圧分割回路はコンパレータ(比較器)の基準電圧発生源として使用されるものです。電圧 2/3V はアッパーコンパレータ(上限のレベルを見る回路)の基準電圧として，また電圧 1/3V はロアーコンパレータ(下限のレベルを見る回路)の基準電圧として用いられます。

アッパーコンパレータの変化する入力は，コンデンサ C の徐々に上がる電圧です。また，ロアコンパレータの入力は，トリガ電圧です。このトリガ電圧は，負性(+側からアースレベルに変化するもの)を使用します。通常はプルアップ(吊り上げ用)抵抗 R_P の外付け抵抗で，電源電圧(+で電源電圧の 1/3 以上)が端子ピン ② に印加されています。

次にこの端子ピン ② をアースレベルに落としたとします。ロアーコンパレータが動作をすると同時に，フリップフロップ回路をセット状態にします。フリップフロップ回路が，待機のときとは逆の状態になるので，トランジスタ Q_1 は OFF(動作しない状態)になり，コンデンサが充電開始と同時に出力ピン ③ に +V_{CC} に近いハイレベルの出力電圧が発生します。コンデンサは外付け抵抗 R_A との時定数(コンデンサと抵抗の組み合わせによる時間的電圧変化の関数)変化にしたがって，指数関数的に +V_{CC} に向って，充電電圧上昇を行います。この時定数 $\tau = R_A \cdot C$ の式にしたがいます。

ところでコンデンサ C の充電電圧が，IC の供給電圧 +V_{CC} の 2/3 と等しい電圧になると，アッパーコンパレータが動作を行い，フリップフロップ回路をリセット状態にして，待機状態にしてしまいます。したがって，出力ピン ③ はアース

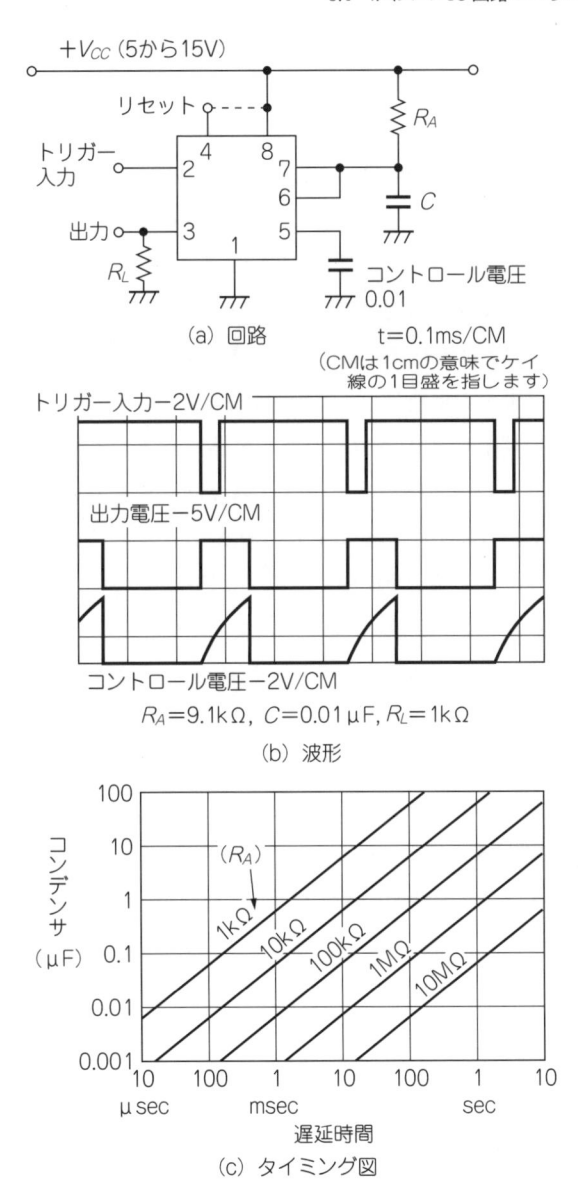

3.4 かわいいIC回路のいろいろ **105**

(a) 回路

t=0.1ms/CM
（CMは1cmの意味でケイ線の1目盛を指します）

トリガー入力−2V/CM

出力電圧−5V/CM

コントロール電圧−2V/CM

$R_A=9.1\mathrm{k}\Omega$, $C=0.01\mu\mathrm{F}$, $R_L=1\mathrm{k}\Omega$

(b) 波形

(c) タイミング図

図 3.78 モノステーブルモードの回路，波形，タイミング図

レベルになるとともに，トランジスタ Q_1 も動作を開始して，コンデンサ C をふたたび放電状態にします。図 3.78(a) はモノステーブルマルチバイブレータモードのときの回路で，動作時の出力波形が図 (b) です。

一度トリガ（スタート状態）されると，たとえ時間設定期間中に再トリガを与えても，設定期間の時間が経過するまで，出力の ON 状態を保ち続けます。このときの出力となる設定期間は，非常に高安定です。

このときのタイミング時間は $t = 1.1 \cdot R \cdot C$ の式で求められ，また図 3.78(c) によっても，簡単に t の値を求めることができます。

では次に，リセット機能について説明しましょう。IC 端子ピン ④ がリセット端子です。この端子ピン ④ をローレベルに落とすと，トランジスタ Q_2 が動作し，フリップフロップ回路がリセット状態と同じになり，トランジスタ Q_1 を OFF 状態にし，出力は出さないことになります。

もし，このリセット端子を使用しないときには，外来ノイズを避けるため，端子ピン ④ を電源 $+V_{CC}$ に接続しておく必要があります。

また，アッパーコンパレータのスレッショルド（しきい値）電圧は，端子ピン ⑤ を使ってつくります。必要に応じて，出力のパルス幅を変化させる外部制御が可能となります。何も制御の必要がなければ，端子ピン ⑤ とアース間にノイズ防止用のコンデンサ（$0.01\,\mu\mathrm{F}$）を接続しておきます。

● アステーブル・モード

フリーランニング・マルチバイブレータと呼ばれるものですが，普通のパルス発生器にほかなりません。図 3.79 に示される回路構成で得られます。タイミング用の抵抗は二つに分割した形で，放電トランジスタ（端子ピン ⑦）に接続されます。

発振器が動作を開始した時点では，コンデンサ C の充電が，供給電圧の $+V_{CC}$ に向って，抵抗 R_A と抵抗 R_B を通じて行なわれます。コンデンサ C の充電電圧値が，$+V_{CC}$ の 2/3 レベルになるとき，アッパーコンパレータが出力信号を発生します。それから，コンデンサ C は抵抗 R_B を通して，アース電位に向って放電を開始します。放電電圧値が $+V_{CC}$ の 1/3 になったとき，ロアーコンパレータが

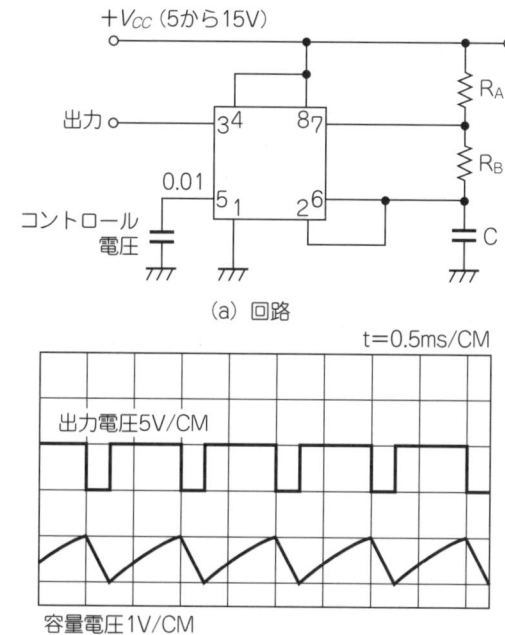

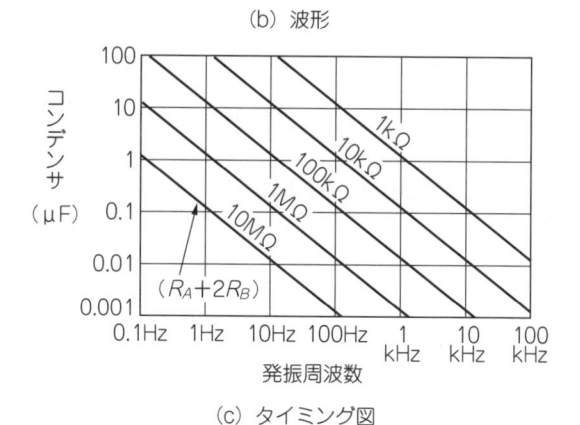

3.4 かわいいIC回路のいろいろ **107**

(a) 回路

(b) 波形

(c) タイミング図

図 3.79 アステーブルモードの回路，波形，タイミング図

出力信号を発生し，ふたたび次の充電サイクルが行われるという仕組みです。

コンデンサ C は，充電と放電を $+2/3 \cdot V_{CC}$ と $+1/3 \cdot V_{CC}$ の限定間で行っていま

す。

図3.79(b)の波形図で，その様子がわかります。ICタイマーの出力は，モノステーブル・モードのときと同様に，充電サイクルの間がハイレベル，放電サイクル間がローレベルになります。この回路のタイミングの算出は次式のとおりです。

① 充電時間(出力がハイ状態時)：t_1

$$t_1 = 0.693(R_A + R_B)C$$

② 放電時間(出力がロー状態時)：t_2

$$t_2 = 0.693(R_B)C$$

③ 1周期の時間：T

$$T = t_1 + t_2$$

④ 発振周波数：f

$$f = \frac{1}{T} = \frac{1.44}{(R_A + 2R_B)C}$$

⑤ デューティサイクル：D

$$D = \frac{R_B}{R_A + 2R_B}$$

また，図3.79(c)を使うことにより，簡単に求めることができます。

3.4.2 LM380とLM386

LM380

このICはオーディオパワーアンプ用ICで，拡声器やテレビ，ラジオのスピーカーを鳴らすためのオーディオアンプなのです。図3.80にLM380のシンボル，外形図(TOP VIEW：上から見た図)，ICの中身を示した等価回路図を示します。

このICは，レコードプレーヤのアンプやインターホン，低周波発振器など，少量の部品で簡単に組み上げることができます。図3.81に応用回路例を示します。

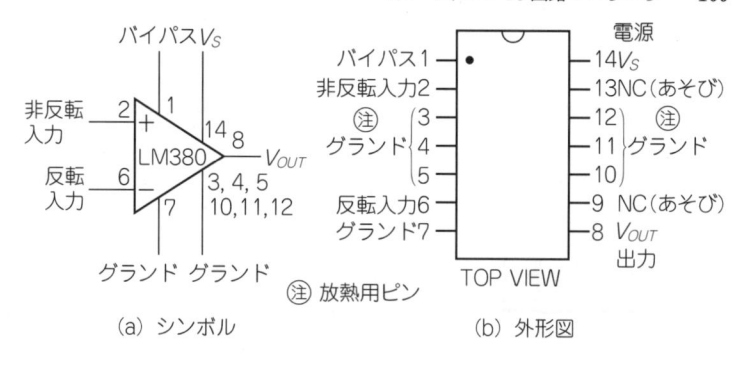

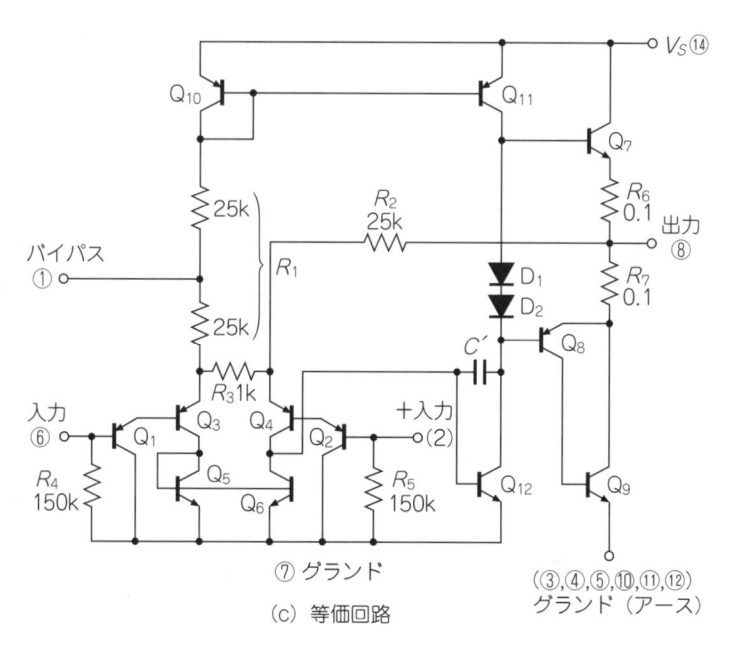

3.4 かわいいIC回路のいろいろ **109**

(a) シンボル

(b) 外形図
注 放熱用ピン

(c) 等価回路

図 3.80 LM380のシンボル,外形図,等価回路図

　図(a)はレコードプレーヤのフォノアンプで,クリスタルカートリッジからの入力信号を増幅するものです。図(b)はインターホン回路です。図(c)はピーと音を出す低周波発振器で移相型発振回路と呼ばれるものです。
　どれをとっても,外部に接続する部品が少ないのでうれしくなります。これも

(a) フォノ・アンプ

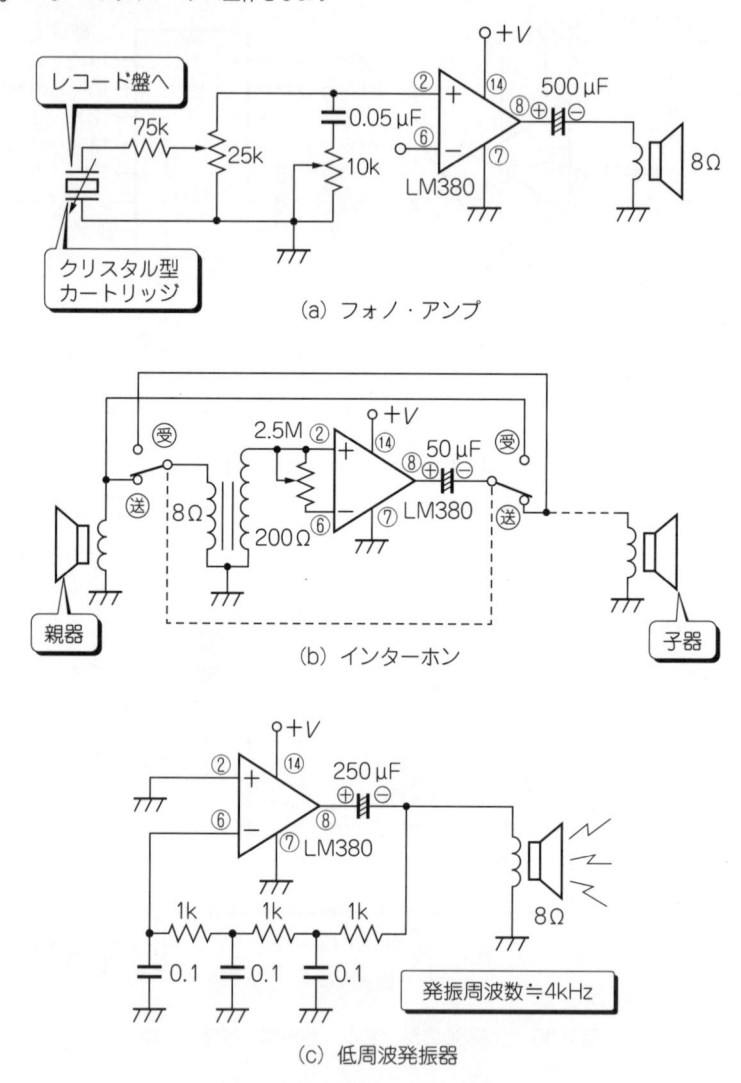

(b) インターホン

(c) 低周波発振器

図 3.81 LM380の応用回路例

IC のおかげかもしれません。

　LM380 が正式名ですが，ただ 380 といっても通じます。電源は 8V から 22V まで広範囲に使用できるので，乾電池や自動車用バッテリーなどいろいろ使えま

す．入力を増幅する程度(利得：ゲイン)は，電圧レベルで50倍もあります．だとえば，入力電圧が20mV(0.02V)とすると，出力は50倍の1Vになるということです．

■ LM386

このLM386は**低電圧オーディオパワー増幅器**ICと呼ばれて，低い電源で動作可能で，消費電流が少ないので人気があります．特徴として，外部に接続する部品が，LM380と同様に少ないことです．外付け部品の値で，電圧利得を20～200に設定することが簡単にできます．

6V電源を使用した場合の消費電力は，わずか24mWで，乾電池動作に最適です．電源はタイプによって，4V～12Vまたは5V～8Vと広い供給電圧範囲を持っています．静止中の回路電流は4mAと低電流です．外観は，8ピンのミニ・タイプです．

応用回路は，AM-FMラジオ増幅器，ポータブル・テーププレーヤ増幅器，インターホン，テレビ音声システム，超音波のドライバー…，などいろいろあげられます．

図3.82に外形と等価回路を示します．また図3.83に応用回路図を示します．

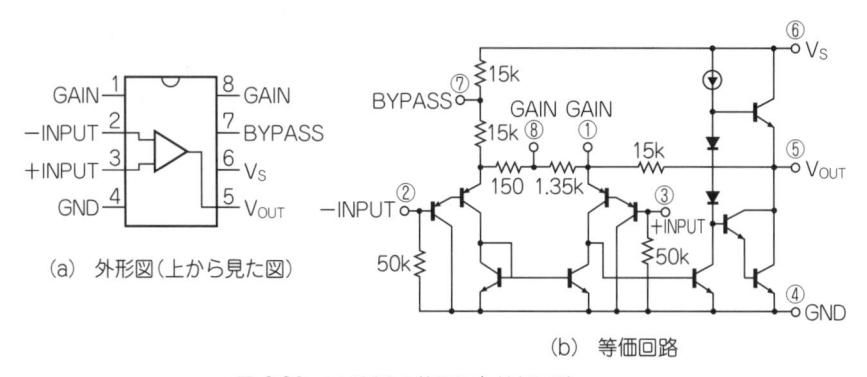

図 3.82 LM386の外形図と等価回路

(a) 利得20の回路（最小パーツ）

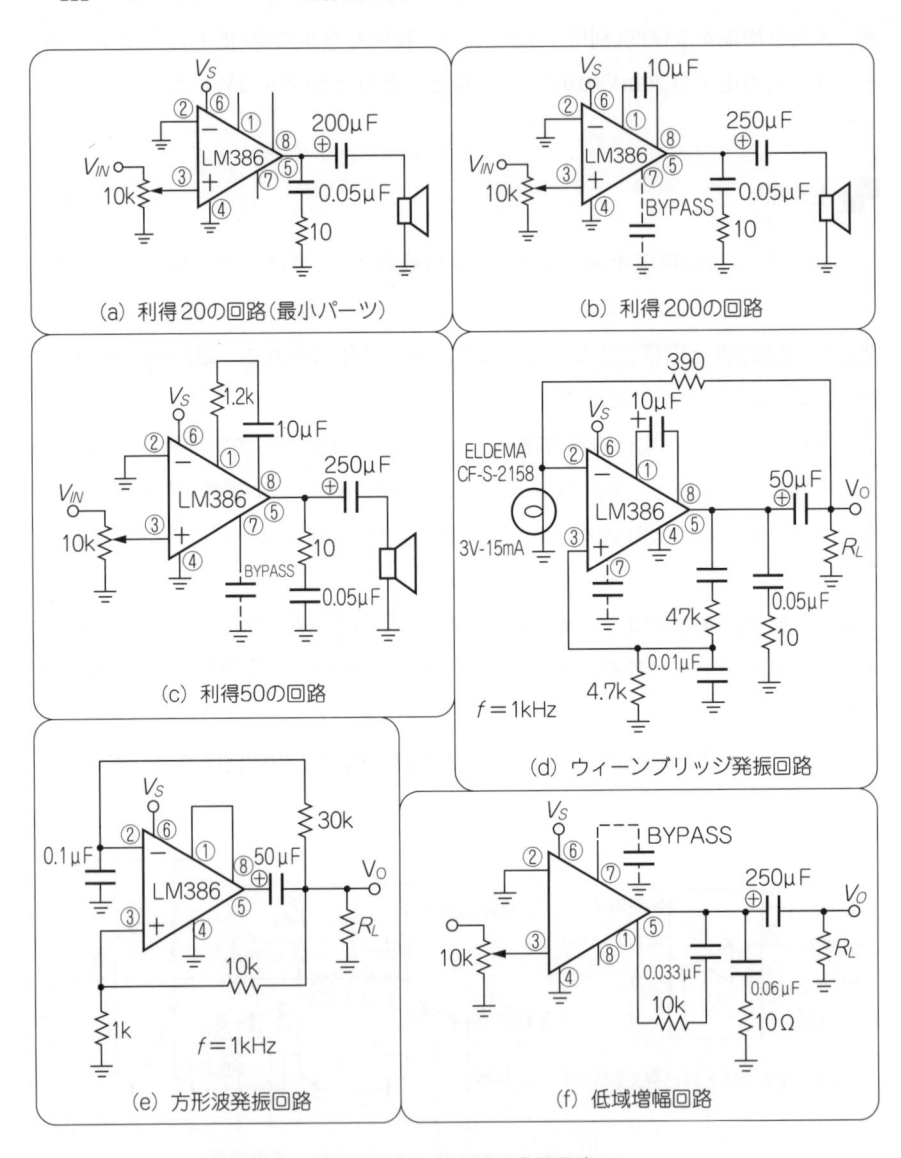

(b) 利得200の回路

(c) 利得50の回路

(d) ウィーンブリッジ発振回路

(e) 方形波発振回路

(f) 低域増幅回路

図 3.83 LM386の応用回路

3.5 アイデア回路

3.5.1 自作ミニスピーカ

ミニスピーカをつくってみましょう。あまり大きな音は出ませんが，手づくりスピーカから音が発生するのには感激するはずです。

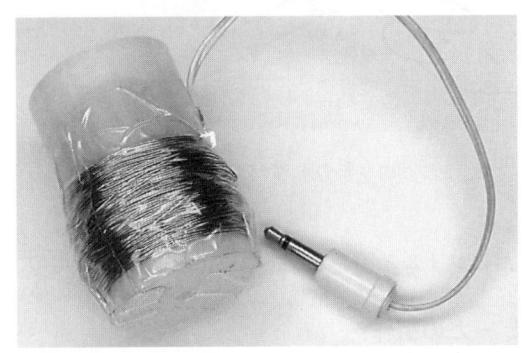

写真 3.26 自作ミニスピーカ

■ ミニスピーカの原理

市販されている小型スピーカと同じ原理を使います。磁界の中に置いた導体（電線など）に電流を流すと，その導体は，力を生じます。その発生力で振動膜を動かし，音を発生します。

この発生力の仕組みは，"フレミングの左手の法則"といいます。図 3.84 にフレミングの左手の法則の説明図を示します。自分の左手を目の前にもってきて，確認しましょう。また，この発生力をうまく利用しているのがメータです。発生力の大きさを指針の振れにしています。

ところでミニスピーカでは，導体（導線）の運動を利用していません。逆に磁石をコイルの中に，紙製の振動板を置き，その上に磁石をのせ，磁石に振動を行わせて，音を発生させています。図 3.85 に回路図を示します。

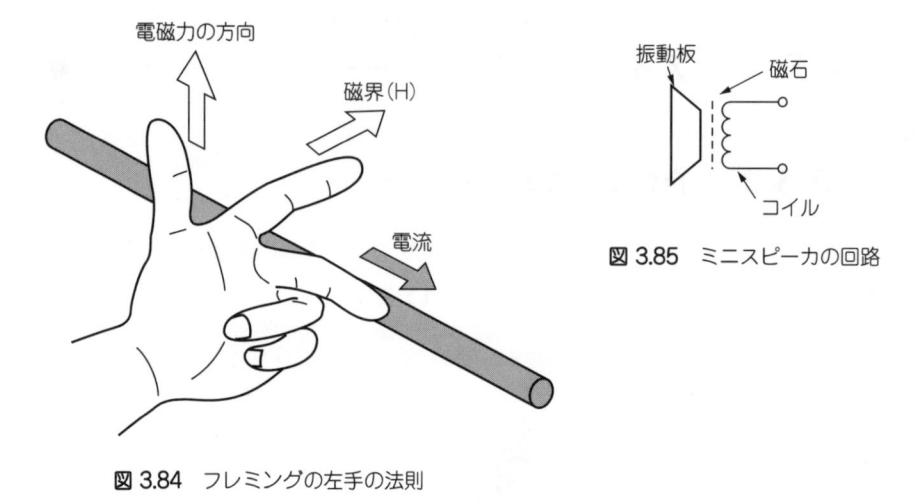

図 3.84 フレミングの左手の法則

図 3.85 ミニスピーカの回路

回路は，ただのコイルと磁石しかありません．超簡単なのです．

ミニスピーカの製作

では，ミニスピーカをつくりましょう．35mm用のプラスチック製フィルムケースの外周に，直径0.2mmのエナメル線(長さ20m)を，1箇所にかためて，

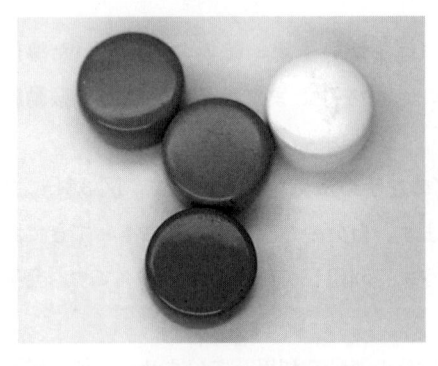

(a) 小型マグネット

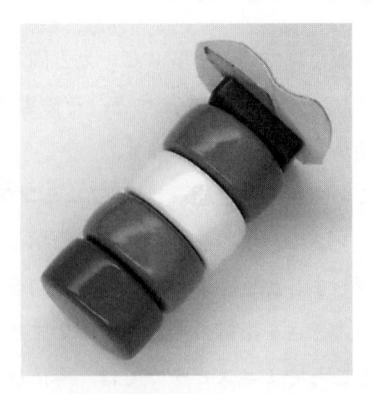

(b) 振動板のクローズマップ

写真 3.27 "自作ミニスピーカの内部

3.5 アイデア回路　**115**

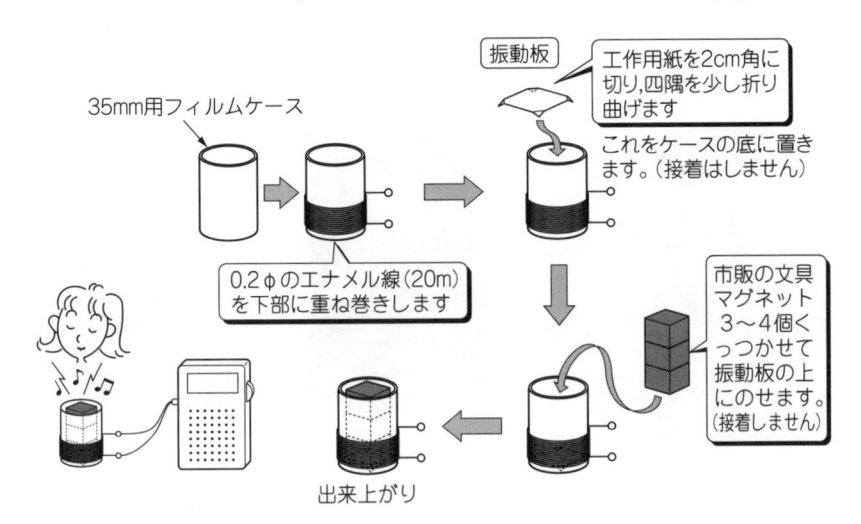

図3.86　ミニスピーカの製作図

ぐるぐると巻きつけます。ケースの中に振動板を入れ，その上に事務用の小型マグネットを3個から4個ピッタリくっついた状態で，振動板の上にのせます。接着はしません。これで完了です。

エナメル線の先を磨いて，ラジオやテレビのイヤホーン端子に接続した信号線に接続してみましょう。かわいらしい音が出てきます。図3.86に製作図を示します。振動板の形状をいろいろ工夫すると，効率のよい大きな音が得られるかもしれません。

3.5.2　電気びっくり箱

箱を持って押しボタンを押すと，持った手の指先がチクリとするびっくり箱です。図3.87に回路を示します。

この回路は，3.1.4項の"ポケット蛍光灯"と同じ回路構成です。ブロッキング発振回路で，やはり発振の要となるトランスにトランジスタ用小型低周波トランスST-26を使っています。

トランスの出力側は蛍光灯のかわりに，指に触れるタッチ板（アルミホイル）に

116　3　エレクトロニクス工作をしよう

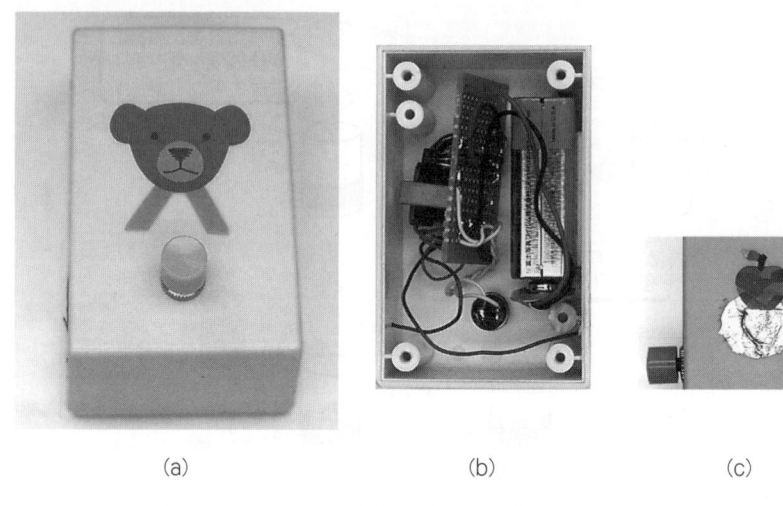

(a)　　　　　　　　(b)　　　　　　　　(c)

写真 3.28　電気びっくり箱

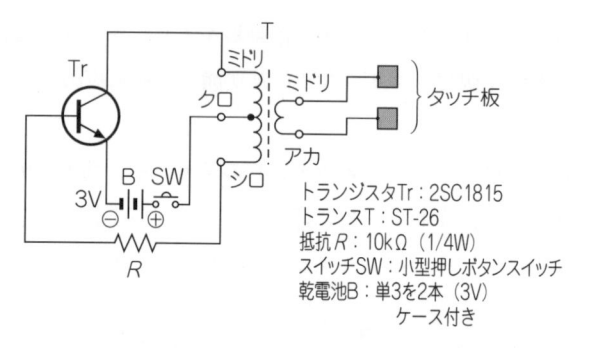

トランジスタTr：2SC1815
トランスT：ST-26
抵抗R：10kΩ（1/4W）
スイッチSW：小型押しボタンスイッチ
乾電池B：単3を2本（3V）
　　　　　ケース付き

図 3.87　電気びっくり箱の回路

なっています。電源も 3V と蛍光灯よりも低くしています。出力は開放電圧 30V 程度になっています。

びっくり箱の製作

　プラスチックの小箱に，押しボタンスイッチを設けます。タッチ板の位置は，箱を持つ位置を自分で確認しながら，適当と思われる位置を決めましょう。

タッチ板は，台所用品のアルミホイルシートを小さい丸形に切り抜いて，両面テープで張りつけます。トランスからの出力線をアルミホイル(接触面)はハンダ付けできませんので，出力線の先端部(ビニールをむいた部分)を両面テープで固定します。このときに，先端部がアルミホイルとしっかりと密着するようにしてください。

ケースの表面は，かわいらしいシールを貼ると，ビックリ箱とは思えない雰囲気にすることができます。製作図を 3.88 に示します。

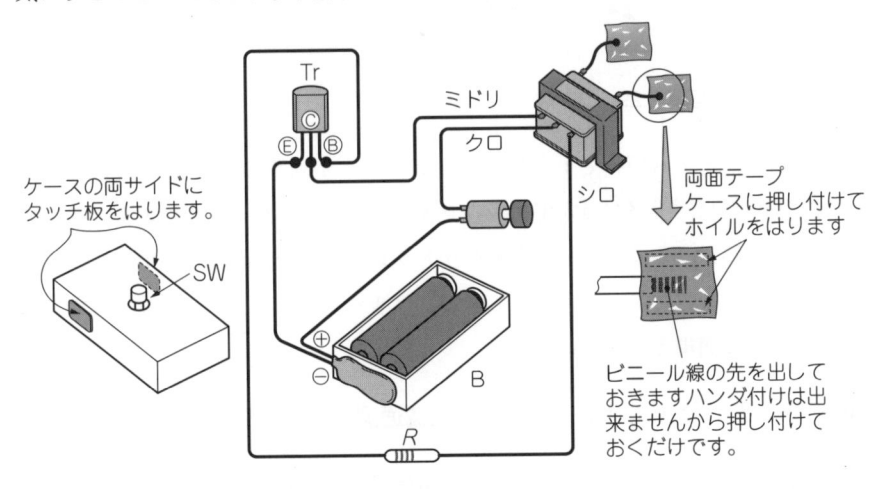

図 3.88 電気びっくり箱の製作図

びっくり箱の使い方

だれかにびっくり箱を持ってもらい，押しボタンを押してもらいましょう。相手は，突然の指先チクリでビックリすることでしょう。電流が小さいので人体の影響はありません。でも，思いがけないトラブルの危険を避けるために，子供やお年寄り，心臓が弱い方への使用はおすすめできません。

3.5.3 簡易 LC フィルタ

L(インダクタ)と C(キャパシタ)を利用したフィルタ回路は，いろいろな使い

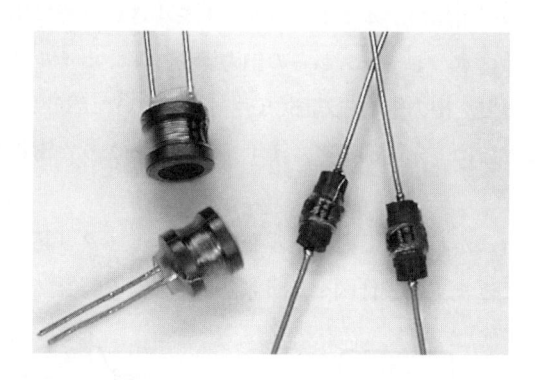

写真 3.29 フィルタに使われる高周波チョークコイル(RFC)

方があって，とても便利です。とくに，オーディオ回路のトーンコントロール（音質調整）には，手軽かつ安価に構成できるので，重宝がられています。ここで紹介する回路は，トランシーバやポケットラジオ/テレビ受像機に利用すると，いろいろ受信の雰囲気が変えられて楽しみが増えるというアイデアセットです。構成も非常に簡単です。

■ 音声をソフトにするローパス(低減通過)フィルタ

図 3.89 に示す回路です。入力される音声信号の"シャリシャリ"した音域をカットすることができます。ラジオやオーディオ機器のイヤホーンから出てくる硬い音声をソフトにすることができます。ムード満点の効果が得られることでしょう。

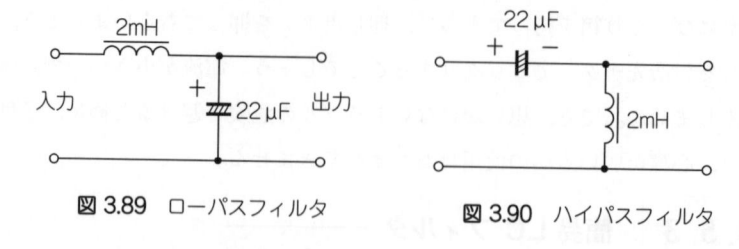

図 3.89 ローパスフィルタ　　　　**図 3.90** ハイパスフィルタ

■ 音声をシャープにするハイパス（高域通過）フィルタ

図 3.90 に示す回路です。入力される音声信号の低減をカットして，高音を強調したシャープな音づくりをすることができます。メリハリがはっきりした音にしてくれるので，ニュースなどの音声信号がはっきりします。

■ 疑似ステレオが楽しめるアダプタ

ポケットラジオやポケットテレビの音声出力（イヤホン出力）は，モノラル出力が普通です。モノラルを両耳ヘッドホンで聴くと，両方の耳に同じものが聴こえてくるので，音は，頭の中央で固まって聴こえます。左右の音の広がりは，まったくないのです。

そこで，先に製作したローパスフィルタとハイパスフィルタを使うと，疑似的なステレオの雰囲気が得られるので，楽しさが倍増します。原理は簡単で，右と左に入る音の音質を変えると，頭の中では，ステレオのように感じます。まさに広がりのある，臨場感あふれる音づくりが得られるのです。回路を図 3.91 に示します。フィルタの特性上，それぞれのフィルタ出力レベルが異なりますので，入力部にレベル調整用のボリュームが設けられています。このボリューム VR の

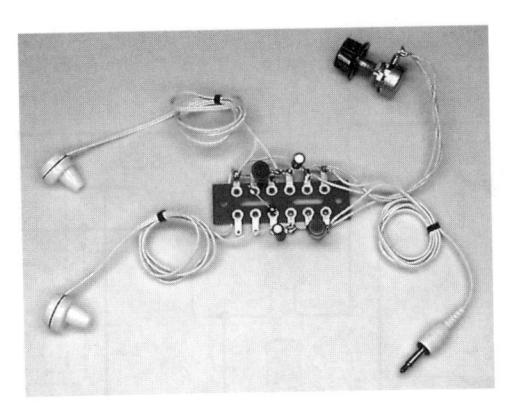

（写真では，モノラル用イヤホーンを2個使用してステレオ用にしています）

写真 3.30 疑似ステレオアダプタ

```
         RFC₁
       ┌──∩∩∩──┐
       │       │      J
  VR   │  C₁  SW      ┌─ 左
P ─────┤  ├┤├──/ ─────┤         ⇨ ステレオ
       │  +-          │            イヤホーンへ
アース側 │              ├─ GND
       │    C₂        │
       ├────┤├────────┤
       │    +-        ├─ 右
       │   RFC₂       │
       └───∩∩∩────────┘
                      ステレオ用
                      イヤホーンジャック

ボリュームVR : 100Ω(B)
高周波チョークRFC₁,₂ 2mmH
コンデンサC₁,C₂ 22μF (16WV)
ミニプラグP : 3.5φステレオ用
ミニジャックJ : 3.5φステレオ用
```

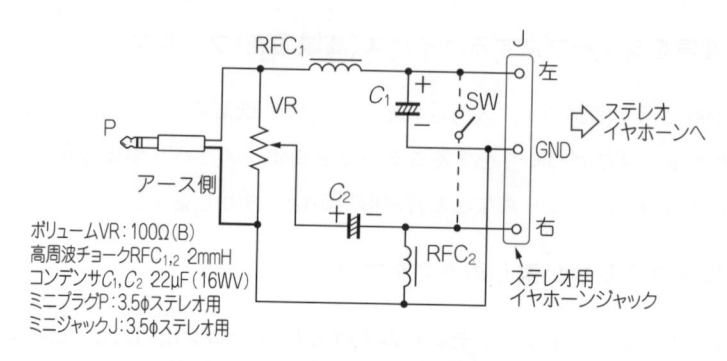

図 3.91 擬似ステレオアダプタの回路

調整によって，左右のバランスよく音の広がりが得られるようにします。

　私の場合，右を高音，左を低音にすると，広がりがうまく得られました。人によっては状態が異なるかも知れません。自分に合うように調整してください。

　モノラルで聴くには，図 3.91 の回路中で点線で示した SW を付けてみてください。SW を ON にすると，ソフトなモノラル（頭の中央で聴こえます）になります。疑似ステレオの効果がよくわかることでしょう。結線図を図 3.92 に示します。

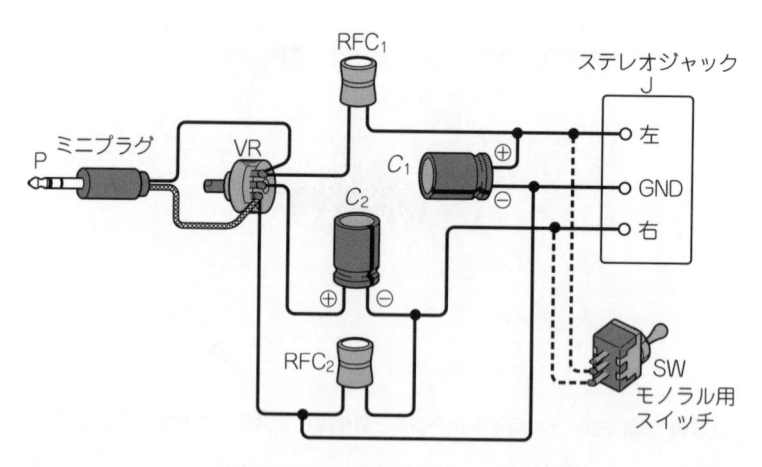

図 3.92 疑似ステレオアダプタの結線図

3.5 アイデア回路　**121**

3.5.4　オーディオフィルタ

　ポケットラジオの受信に大変役立つ，とても簡単な"オーディオフィルタ"の製作です。このオーディオフィルタは音の高域と低域を減衰させる装置で，シャリ・シャリした音をソフトな音にしたり，またモコ・モコした音をスッキリした音にするためのものです。製作するオーディオフィルタは，一般的に**パッシブ（受動型）フィルタ**と呼ばれるものの一種で，よく使用されています。

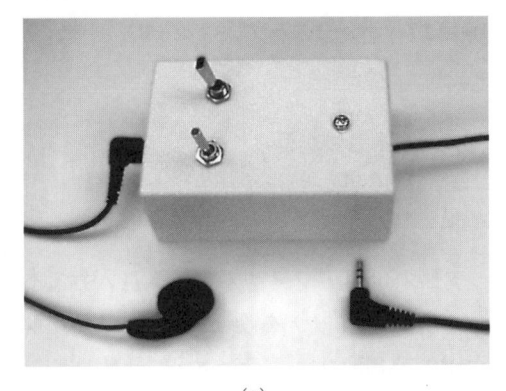

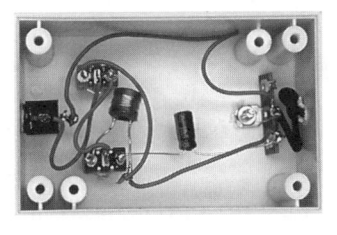

(a)　　　　　　　　　(b)

写真 3.31　オーディオフィルタ

■ オーディオフィルタの回路

　オーディオフィルタの回路を，図 3.93 に示します。主な部品はコンデンサ 2 個とチョークコイル 1 個，そして写真のフィルムケース 1 個で，電源は不要です。
　音をコンデンサに通すと低域が減衰され，硬いハードな音に変わります。コンデンサの容量値によって，減衰される帯域が変化します。反対にチョークコイルを通すと，音の高域が減衰して，柔らかいソフトな音に変わり，シャリついた音が聴こえやすい音になる訳です。
　本器には，スイッチが 2 個設けてありますが，SW_1 はフィルタ効果の ON/OFF 用で，SW_2 は高域/低域減衰の切換用です。SW_1 を ON にすれば，フィルタ回路

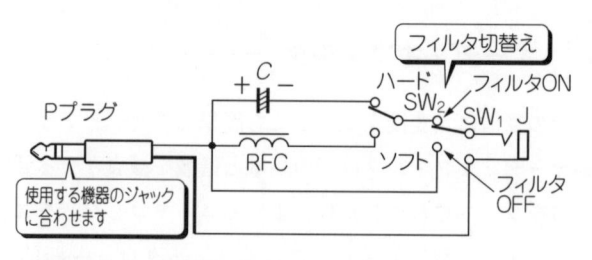

図 3.93 オーディオフィルタ回路

高周波チョークRFC：1mH
コンデンサ C：10μF（16WV）
スイッチSW_1，SW_2：2極トグルスイッチ
プラグP：小型プラグ
ジャックJ：小型ジャック（使用するイヤホーンプラグに合わせます）

が動作し，SW_2を切り換えるとハードかソフト音質が得られます。

■ オーディオフィルタの製作

基板に組み上げるほか，プラスチック製の 35 ミリフィルムケースに入れてもよいでしょう。小型フォノジャック，小型 3P スイッチを設けて，10μF の電解コンデンサ，1mH（ミリヘンリー）の RFC（高周波）チョークコイル，入力リード線などを接続します。基板を使って配線する必要ははありません。結線図を図 3.94 に示します。

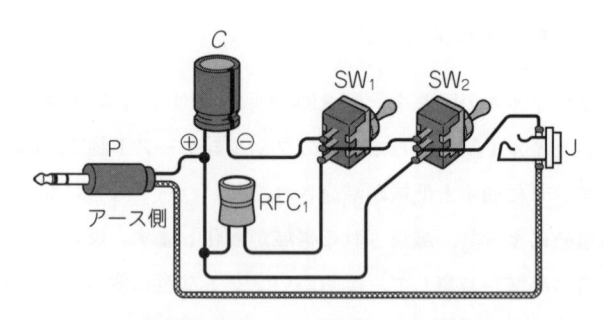

図 3.94 オーディオフィルタの結線図

3.5 アイデア回路   **123**

■ オーディオフィルタの使い方

本器の入力プラグを，ポケットラジオのイヤホンジャックに入れます。本器のフォノジャックにイヤホーンあるいは，外部スピーカを接続すれば，システムの完成です。フィルタをONにして，フィルタの効果をためしてください。また，コンデンサやチョークコイルの値を変えると高域，低域フィルタ効果が変わりますから，自分好みの音質を求めて，値を決めてみるのもよいでしょう。

3.5.5 念力判定器

自分に念力があるかどうか，楽しみながら調べるマシーンです。ゲーム感覚でたのしみましょう。スタートボタンを押し，緑と赤のどちらのLEDランプが点灯するか，心に念じてストップボタンを押します。念じた方のLEDランプが点灯したら，あなたは超能力者かも！？

(a)　　　　　　　　(b)

写真3.32　念力判定器

■ 念力判定器の回路

図3.95に念力判定器の回路図を示します。

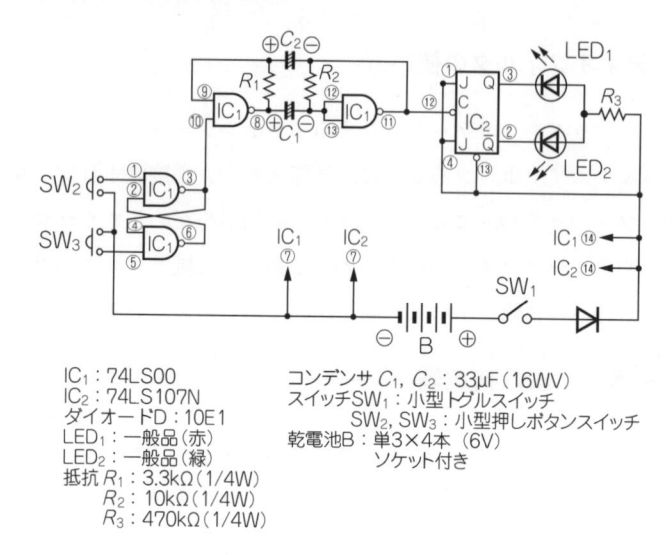

```
IC₁ : 74LS00        コンデンサ C₁, C₂ : 33μF（16WV）
IC₂ : 74LS107N      スイッチSW₁ : 小型トグルスイッチ
ダイオードD : 10E1       SW₂, SW₃ : 小型押しボタンスイッチ
LED₁ : 一般品（赤）   乾電池B : 単3×4本（6V）
LED₂ : 一般品（緑）        ソケット付き
抵抗 R₁ : 3.3kΩ（1/4W）
     R₂ : 10kΩ（1/4W）
     R₃ : 470kΩ（1/4W）
```

図 3.95 念力判定器の回路図

ゲートICで，スイッチの状態を設定するR・S（リセット・セット）型フリップフロップ回路と，LEDの"緑"と"赤"の変化を与える発振回路をつくっています．本器では，電源スイッチを省略してありますが，スイッチを付加することをおすすめします．

ここでは，電池を直接つけたり，はずしたりしています．使用したICは，低消費タイプのTTL（トランジスタ・トランジスタ・ロジック）と呼ばれるICです．標準電源電圧は5Vですが，電池の電圧降下を考え，単三を4個直列にして6Vを供給しています．

押しボタンスイッチは，押すとロックのしない，はね上がり式のものです．どんな形状のものでもかまいません．

■ 念力判定器の製作

図3.96に結線図を示します．ゲートICとJ・KフリップフロップICを使用して回路を作成しています．

完成したら，配線をよくみましょう．それぞれのICは，14本の足をもってい

3.5 アイデア回路　**125**

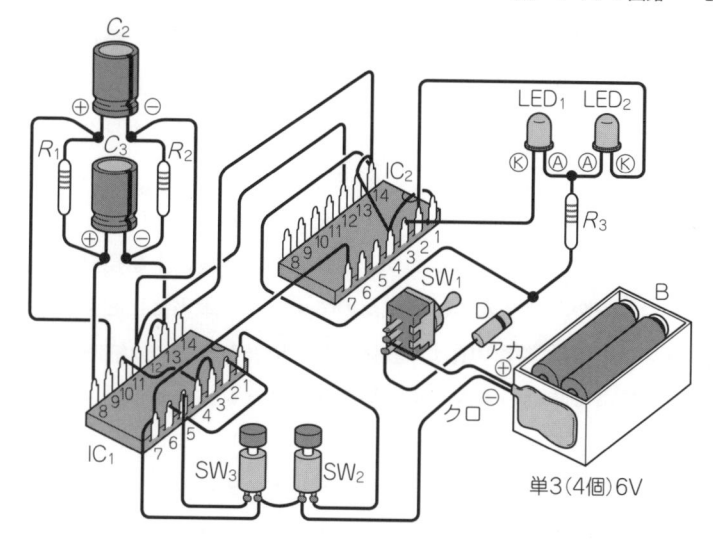

図 3.96 念力判定器の結線図

ますから，よく注意してください．よく間違えることがあります．そしてお好みのケースに納めると見栄えがぐっとよくなります．

■ 念力判定器の遊び方

電池を接続すると，LED のどちらかがまず点灯します．電源 ON の確認と思ってください．次に，"スタート"の押しボタンスイッチを押しましょう．"緑"と"赤"の LED が交互に点滅を開始します．さあ，どちらの LED だけが残るか念じてから，"ストップ"の押しボタンスイッチを押しましょう．どちらか一方の LED だけが点灯して，点滅は停止します．

=== ワンポイント・ガイド ===

■ デジタルとは

一般的な鉱石ラジオを含めたラジオの製作やアンプの製作は，アナログ回路と

呼ばれますが，ずっと昔からあり，私たちにはおなじみで，割合に理解しやすい回路になっています。それに対してデジタル回路は，コンピュータが身近になったときから，電子工作には欠かせない存在なのですが，アナログよりも難しいと感じる人もいるようです。

しかし，私たちの身の周りには，デジタルの世界がいっぱいです。一番身近なのは，やはりデジタル時計でしょう。それまで文字板の上を長針と短針が仲良くまわっていたのが，数字表示になったのですから，本当ににビックリしたものです。私自身が小学低学年の頃は，教材として指針がついた"紙時計"があって，長針・短針による時刻の読み方を勉強させられたものですが，もう今では姿を消す運命になっているかも知れません。

アナログ回路の場合，コイル，バリコン，ダイオード，イヤホーンなどの部品を並べれば一応誰でもラジオがつくれますが，デジタル回路はちょっと違います。

デジタル信号や要素となる回路を理解しておかないと，うまく回路構成ができません。このあたりが，"デジタルは難しい"と感ずる人がいる理由なのかも知れません。でも本当は，簡単なデジタル・エレクトニクス工作をするのなら，そん

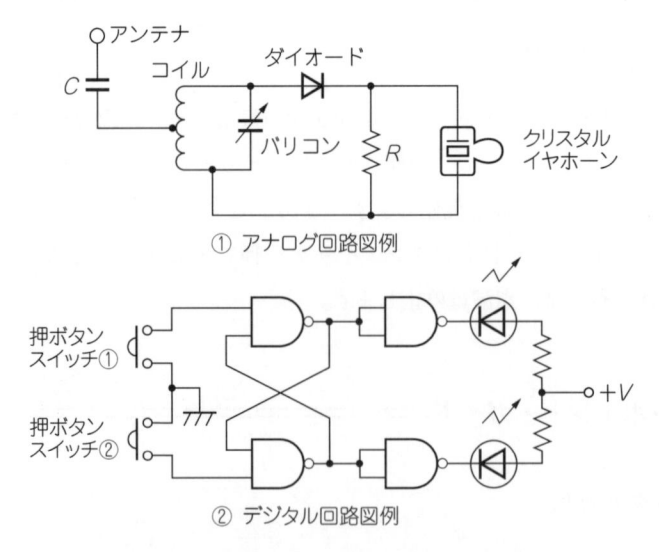

図 3.97 簡単なアナログ回路とデジタル回路

なに難しくはありません。簡単なアナログ回路図とデジタル回路図の例を図 3.97 に示します。

● **アナログとデジタルの世界**

　エレクトロニクス回路だけでなく，私たちの生活にもアナログとデジタルの世界はいっぱいあります。"アナログ"は，あいまいな世界です。「駅から約 3 分のところ」とか，「私の体重 50 キロぐらい」とか，だいたいの数値やあんばいを扱うときは，私たちはこのアナログの世界にいるのです。でも，きっちり数値を表示させたい場合があります。この場合には，デジタルの世界が役立つのです。

　最近のヘルスメーターは目盛表示から数字表示に変わって，ピタリ○○kg と表示します。およその値は表示しません。見やすくなりました。

　デジタルの世界では，ある値を表す場合，上か下のどちらかに決定されます。その決定の時に決め手となるのは，あらかじめ回路で設定された設定値によるもので，回路の精度にも影響されます。高級品ほどきめ細かい変化が得られますが，普通品となると変化も荒くなります。

　たとえば，重さを測る計器の場合，高級品なら 0.01g 単位に測定できるとしましょう。それに対して，普通品は 1g 単位となるようなことです。

　普通品の計量変化の設定を 0.5g にしておくと，この計器は 1.5g 以上〜2.5g 未満は，すべて 2g 表示をすることになります。デジタルの世界では，このような誤差（高級品ほど細かくなり精度はよくなりますが）も知っておく必要があります。また，デジタルの世界では，切替スイッチを上手に使っている例があります。それでは，家の外に出て辺りを見まわしてみましょう。

　水銀灯は，周囲が明るくなると消灯し，反対に周囲が暗くなると点灯するしくみになっています。これも機械的変化ですが，**"反転回路"** という立派なデジタル回路なのです。

　もう一つ新幹線などの車両で見られるトイレの表示です。二つのトイレがすべて使用されていると，トイレ「使用中ランプ」が点灯し，一つ以下でしたら「使用中ランプ」が消える場合，これもデジタルの世界で，「AND（アンド）回路」といわれるものなのです。

● **デジタル回路の基本**

数値は"電圧あるいは電流"のアリ/ナシを1と0に対応させたものです．．

1と0しかないので，"**2値の世界**"とも呼んでいます．したがって，回路の入力から出力までのチェックが，とてもわかりやすい利点があります．この信号変化の流れを数学的に解明するには，"論理代数(別名ブール代数といいます)"を使います．

● **基本論理回路をマスターしましょう**

デジタル回路でよく使用される論理回路は，"AND(アンド)"，"OR(オア)"，"NOT(ノット)"と呼ばれるものです．これらの状態変化を示した表を**真理値表**といいます，この表を見ることによって，入力と出力との関係がよくわかります．

(1) **AND回路**　　"AND"回路は，二つの入力条件がともに"1"になったと

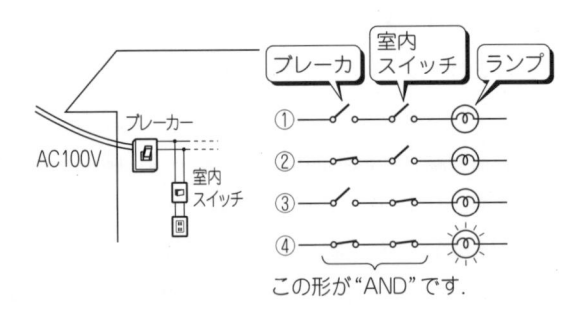

図3.98　家庭のAC100V電源

入力		出力
A	B	Y
1	1	1
1	0	0
0	1	0
0	0	0

(真理値表)

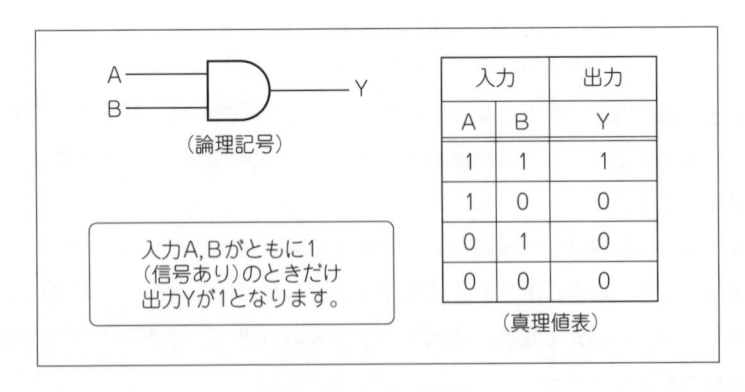

入力A,Bがともに1(信号あり)のときだけ出力Yが1となります．

図3.99　AND回路

3.5 アイデア回路　**129**

きにだけ，出力側に "1" を出すというものです．さきほどは，新幹線のトイレを例に出しましたが，図 3.98 の家庭の AC100V 電源を見てください．

電源元のブレーカが落ちでいると，室内のスイッチを入れてもランプは点灯しません．

ブレーカが "ON"，すなわち "1" の状態にならないと，室内の各スイッチは機能を発揮できません．これが "AND" 回路なのです．図 3.99 に，この "AND" 回路の論理記号と真理値表を示します．

(2) OR 回路　"OR" 回路は，入力のどちらか一方が "1" であれば，出力側に "1" が出力されるというものです．図 3.100 を見てください．図(a)以外は，必

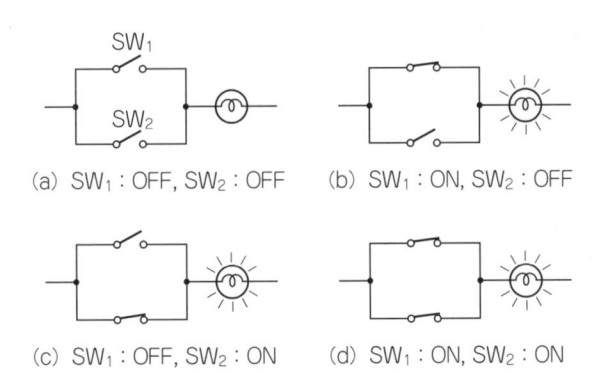

(a) SW₁：OFF, SW₂：OFF　　(b) SW₁：ON, SW₂：OFF

(c) SW₁：OFF, SW₂：ON　　(d) SW₁：ON, SW₂：ON

図 3.100　OR回路

入力		出力
A	B	Y
1	1	1
1	0	1
0	1	1
0	0	0

（論理記号）

入力A，Bどちらか一方が1のとき出力Yが1となります．

（真理値表）

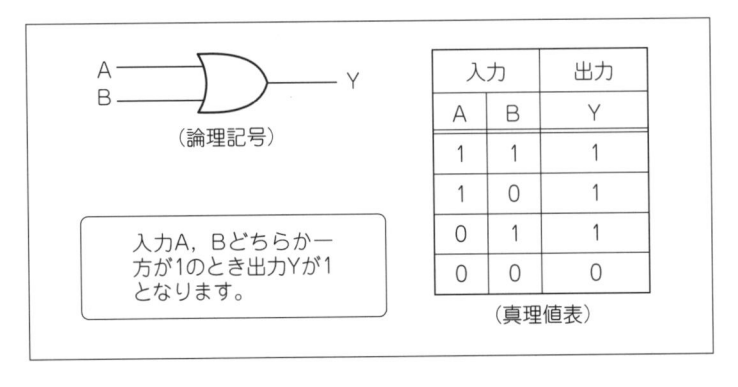

図 3.101　OR回路

ずどちらか一方がONになっているのでランプが点灯しています。バスの"停車ボタン"も，これまたOR回路です。どの席から押しても，"停車合図"を運転手に知らせます。これがOR回路なのです。図3.101に，このORの回路論理記号と真理値表を示します。

(3) **NOT回路** "NOT"回路は，入力と出力が逆（反転するともいいます）になる回路です。さきほどの説明で，水銀灯の例をあげました。反対の動作をするものです。ある駅の男性トイレは，自動的に人が立ち去ると，水が流れ出して水洗するシステムになっていました。これは，人がいる時は，人を感知するセンサはONで，人がいなくなり，センサがOFFとなると水が流れ出すという一種のNOTシステムといえそうです。図3.102にNOT回路の論理記号と真理値表を示します。

(4) **NAND回路** "NAND"という回路があります。デジタル回路を組み上げるとき，一番利用しやすい回路で，多く出回っている回路なため安価に購入することができます。また，この回路をいろいろ組み合わせることによって，AND，OR，NOTなどの回路が，自由に構成できます。専用のICを使わず，このNAND回路のICを使えば，種類も減らせ，大変効率のよい設計にすることができます。図3.103に，NAND回路の論理記号と真理値表を示します。それにNANDを組み合わせてAND，OR，NOTを構成する方法を示します。

A ─▷○─ Y
（論理記号）

入力	出力
1	0
0	1

（真理値表）

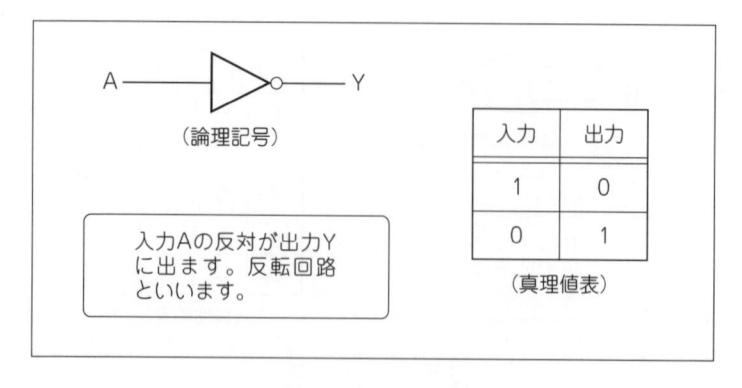

入力Aの反対が出力Yに出ます。反転回路といいます。

図 3.102 NOT回路

3.5 アイデア回路 **131**

● NAND

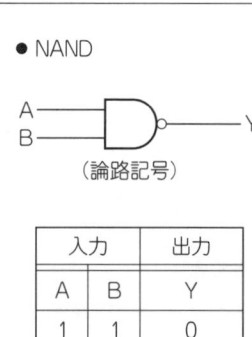

（論路記号）

入力		出力
A	B	Y
1	1	0
1	0	1
0	1	1
0	0	1

入力A，Bがともに1のときだけ出力Yが0（信号なし）となります。
AND動作の逆なので，NOT-ANDからNANDという名があります。

● NANDの回路構成（TTLの場合）

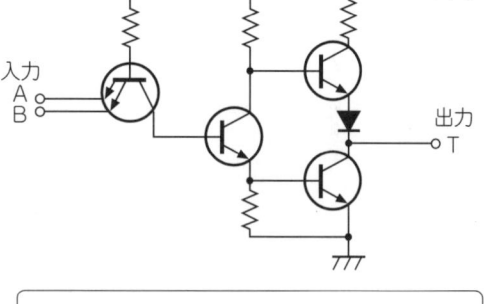

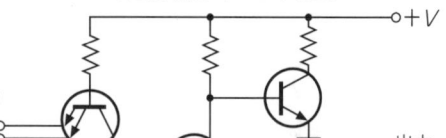

TTL（トランジスタ・トランジスタ・ロジック）と呼ばれる回路のNANDの回路構成は，このようになっています。論理記号は簡単ですが，結構部品点数がありますね。

● NANDを使ってAND，OR，NOTをつくる方法

「AND」

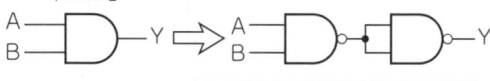

NANDを二つ使います

「OR」

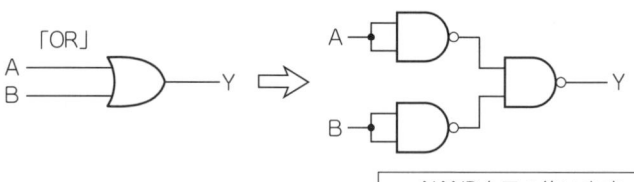

NANDを三つ使います

「NOT」

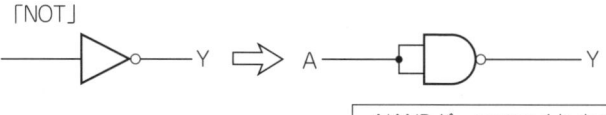

NANDが一つでつくれます

図 3.103　NAND回路

図 3.104 RSフリップフロップ回路

(論理記号)

入力		出力	
$\overline{S}$	$\overline{R}$	Q	$\overline{Q}$
0	0	禁止	
1	0	0	1
0	1	1	0
1	1	Q_n	$\overline{Q_n}$

(真理値表)

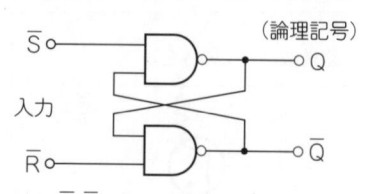

(注) $\overline{S}, \overline{R}$は,それぞれローレベル(0Vなど)を入力することを意味します。

(注) $Q_n, \overline{Q_n}$は,前の状態を保つことを意味します。
入力$\overline{S}, \overline{R}$を同時に"0"で入力すると,出力Q, $\overline{Q}$がともに"1"となりこの回路を使うことができません。この条件は使いません。

図 3.105 JKフリップフロップ回路

(論理記号)

J入力 ── J Q ── 出力(正)
クロックパルス入力 ──○CP
K入力 ── K $\overline{Q}$ ── 出力(反転)

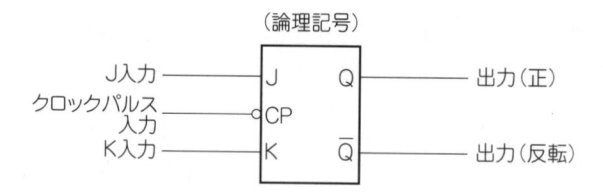

入力			出力	
CP	J	K	Q	$\overline{Q}$
⌐_	0	0	変化しない	
⌐_	0	1	0	1
⌐_	1	0	1	0
⌐_	1	1	反転します	

(注) ⌐_ はクロックパルスの立ち下り時点を意味します。

このJ-Kフリップフロップ回路のCP入力を見てください。「○印」が付いています。この「○印」は,負側変化を意味するもので,"立ち下り方向で動作する"という意味をもっているのです。

(5) R・Sフリップフロップ回路　"R・Sフリップフロップ"回路は，NAND回路を2個使用してつくることができます。一番簡単な記憶回路を作ることができます。押しボタンのオン/オフを記憶させることができるのです。

このR・Sフリップフロップ回路は，同時にセットされると誤動作を生じます。ですから回路上$\overline{R}$のリセット入力とSのセット入力を同時に入力することは，さけなければなりません。もし同時に入力してしまう心配がある場合には，$\overline{R}$と$\overline{S}$の入力部に，それぞれ時定数の異なった電気的遅延回路を設けるとか，$\overline{S}$入力があるときは必ず$\overline{R}$入力が与えられないように禁止する回路を設けます。

図3.104に"R・Sフリップフロップ"回路の論理記号と真理値表を示します。

(6) JKフリップフロップ回路　"JKフリップフロップ"回路は，入力の条件としてJ入力，K入力，それにクロックの3入力によって，出力状態が決定さ

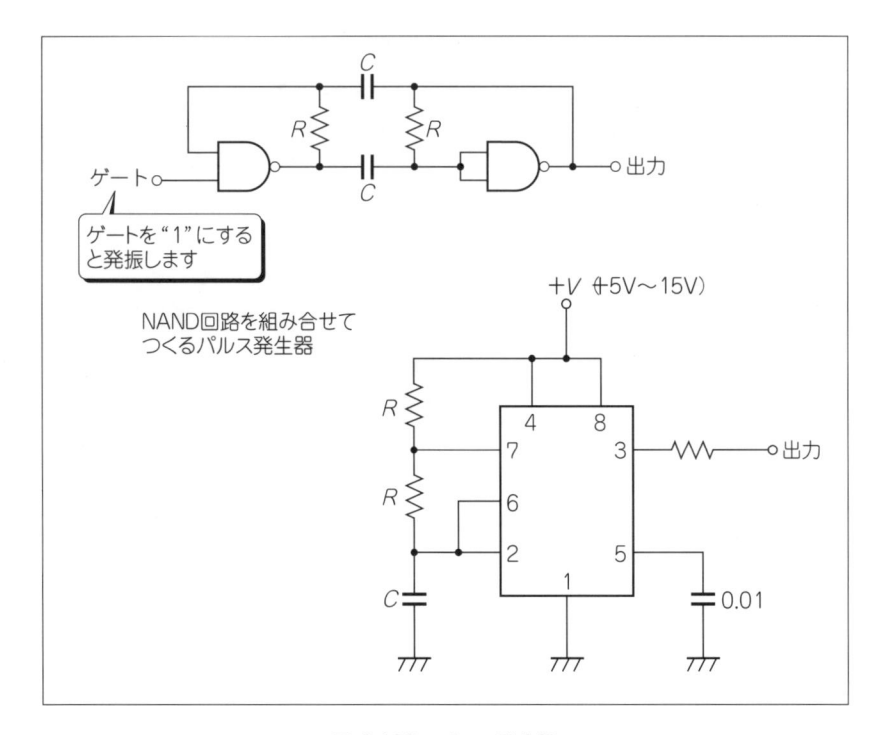

図 3.106　パルス発生器

れるフリップフロップ回路です。図3.105にJKフリップフロップ回路の論理記号と真理値表を示します。

とくにJ，Kの入力をともに"1"の状態にすると，クロックパルス（規則正しいパルス信号をいいます）がかけられるごとに，出力の状態が反転することが図の中にある真理値表でわかります。この状態変化を別名**バイナリーカウンタ**（**2進計数回路**）と呼んでいます。デジタル計数回路の基本回路として，よく使用されているものです。

（7）**パルス発生器**　論理回路ではありませんが，よく使用される応用回路として紹介します。NAND回路を組み合わせてパルスを発生させる回路です。図3.106に回路構成を示します。回路において，抵抗値とコンデンサの容量値を変化することによって，発振周波数を変化することができます。図の回路において，コントロール入力が"1"の条件にあるときに，発振状態となります。

3.5.6　ランプ表示付き雨だれ音発生器

ポツン・ポツンと繰り返しの雨音は，精神の安定にピッタリです。知らず知らずのうちに，睡眠を促すこともあります。リラックスするのによい機会になるか

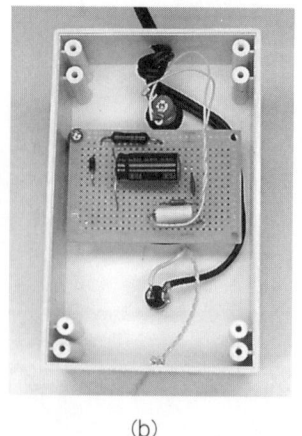

(a)　　　　　　　　　　　(b)

写真3.33　ランプ表示付き雨だれ音発生器

も知れません。

ランプ表示付き雨だれ音発生器の回路図

回路を図 3.107 に示します。回路を簡単に説明しますと，交流電源でネオンランプを点滅させ，点滅時に発生する雑音をイヤホーンで聞くのです。ネオンランプ PL の点滅動作は，押しボタンスイッチ SW を押すとスタートし，同時にコンデンサ C_1 が充電状態になります。

しばらく（数分間）押しボタンスイッチを押し，指を離すと今度はコンデンサ C_1 に充電された電圧によって，点滅動作が継続します。

ネオンランプ P の点滅動作は，コンデンサ C の発生電圧が低くなるにつれて，段々とスピードがユックリとなり，間隔が長くなってきます。なお，押しボタンスイッチ SW を押す長さに応じて，ネオンランプ PL の点滅時間も長くなります。

ランプ表示付き雨だれ音発生器の製作

結線図を図 3.108 に示します。回路は ICB-93S の穴あき基板を半分に切って使い，ちょうど良いサイズのプラスチックケースに納めています。ケース上にネオンランプ PL が見えるようにブラケットを用いて取り付けます。

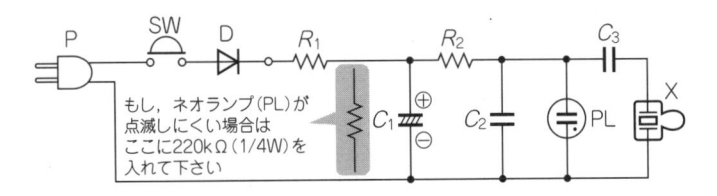

D：10E1
R_1：10kΩ（1W）
R_2：3.3MkΩ（1/4W）
C_1：47μF（160WV以上）
C_2：0.47μF
C_3：0.047μF

X：クリスタルイヤホーン
P：AC100Vプラグ（コード付き）
SW：小型押しボタンスイッチ

もし，ネオランプ（PL）が点滅しにくい場合はここに220kΩ（1/4W）を入れて下さい

図 3.107　ランプ表示付き雨だれ音発生器の回路図

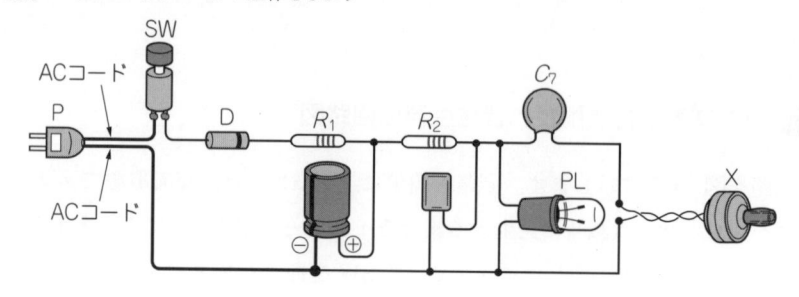

図 3.108 ランプ表示付き雨だれ音発生器の結線図

■ 使用法

イヤホーンを耳に付け，本器の AC プラグを家庭用 AC100V コンセントに差し込み，押しボタンスイッチ SW を数分押しましょう。

3.5.7 半導体テスタ

おなじみ LED で表示する半導体テスタの製作です。トランジスタの種類（PNPと NPN）を切り替えするのも，スイッチだけで行えます。図 3.109 に回路を示します。なんと部品が少ないことでしょう。乾電池(006P9V)，スイッチ 2 個，LED 2 個，抵抗 2 個，ワニグチクリップ 3 個(白，黒，黄の 3 色)，ケースと配線用基板に線材少々，006P 用スナップ 1 個の構成です。

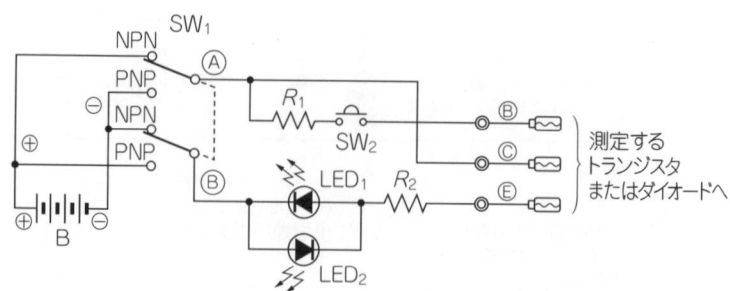

抵抗 R_1, R_2：10kΩ (1/4W)
スイッチSW$_1$：2極双投トグルスイッチ
SW$_2$：小型押しボタンスイッチ
LED$_1$, LED$_2$：一般品(赤色)
乾電池B：単3×4本(6V)
ワニグチクリップ：小型のもの(白，黒，黄)

図 3.109 半導体テスタの回路図

3.5 アイデア回路 **137**

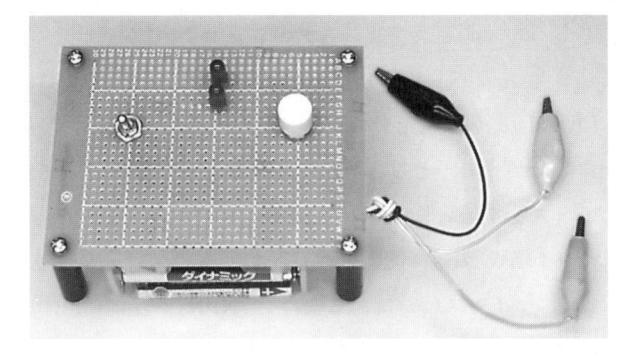

(a)

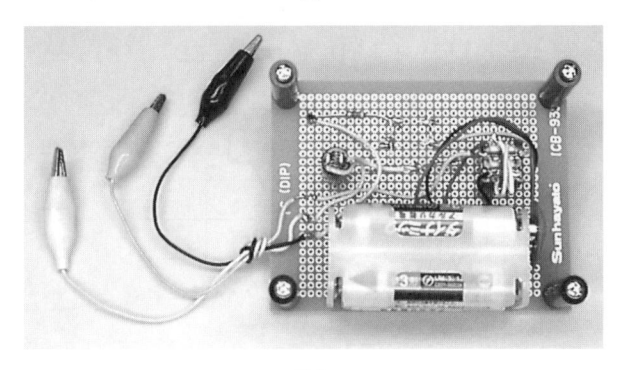

(b)

写真 3.34 半導体テスタ

🔳 回 路 動 作

　スイッチ SW_1 は，電源極性を変化させるためのスイッチで，極性逆転スイッチとでも呼びましょう。スイッチ SW_2 は，テストするトランジスタのベースに，電流を流し込むスイッチで，ベース注入用スイッチです。

　抵抗 R_1 は，測定するトランジスタのベースに注入する電流値を決定する制限抵抗で，本器の場合 $9V/10k\Omega = 0.9mA$ のものが注入されます。注入されたとき，測定トランジスタがどんな作動をするかは，図 3.110 に示してありますので，そちらを参考にしてください。抵抗 R_2 は，LED（発光ダイオード）の電流制限用の

ためです．もちろん，測定トランジスタのコレクタ電流も制限することになります．

LED$_1$ と LED$_2$ はともに発光ダイオードです．お互いに逆に接続され，電流の流れる方向にしたがって，どちらかが点灯するようになっています．電流方向の検出器として，大変すばらしい素子が LED なのです．

まず，スイッチ SW$_1$ の電極配線に注目してもらいましょう．LED 発光ダイオード側の部分(B)がマイナス(－)になる場合を〔NPN〕，反対に(B)の部分がプラス(＋)になる場合を〔PNP〕とスイッチに明記しましょう．たいへん重要なところですから注意してください．

次に発光ダイオード LED$_1$ と LED$_2$ ですが，LED$_1$ は(B)がマイナス(－)のと

① トランジスタ測定例（NPN の場合）

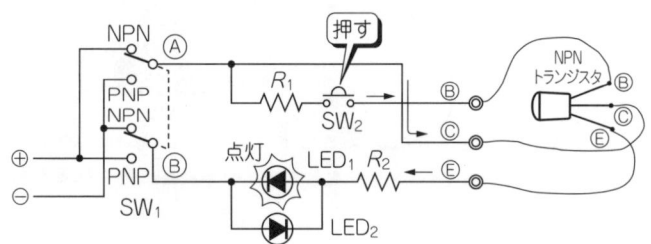

- トランジスタが正常なら，ベースに電流が注入されるので，C（コレクタ）から E（エミッタ）に電流が流れる．したがって LED$_1$ のみ点灯する．
  次に SW$_1$ を PNP 側にすると，LED$_1$ は消灯する．LED$_2$ も消灯を続ける．

② ダイオード測定例

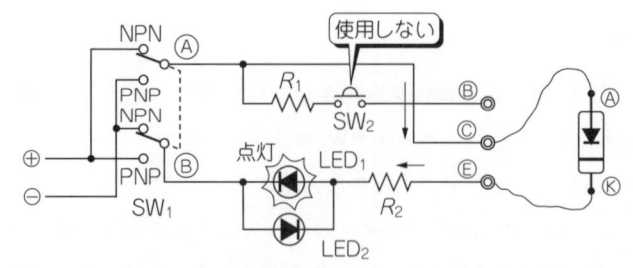

- ダイオードが正常なら，この状態で LED$_1$ が点灯する．SW$_1$ を PNP 側にすると消灯する．LED$_2$ は消灯をし続ける．

図 3.110　半導体テスタの動作図

き順方向となりますから，NPN型表示用，またLED$_2$は(B)がプラス(+)のとき順方向となりますから，PNP型表示用となります。

■ NPN型トランジスタをテストしたとき

では一例として，NPN型トランジスタ(2SC1815など)を本器に接続したとしましょう。動作図を見てください。白色のワニグチクリップをコレクタ，黄色のワニグチクリップをベース，黒色のワニグチクリップをエミッタにそれぞれ接続します。

次にスイッチSW$_2$を押しながら電極逆転スイッチSW$_1$を交互に切り替えてみます。このとき，LEDを見てみましょう。NPN型表示用のLED$_1$だけが点灯すればテストされているトランジスタは良品といえます。

ところが逆転スイッチSW$_1$をパチパチ切り替えても，LED$_1$，LED$_2$の両方が点灯するときには，このトランジスタはコレクタとエミッタ間が，ショート(短絡)状態ということになります。ですから注入用スイッチを放しても，点灯し続けているはずです(注入しなくても点灯しているわけです)。

もう一つの現象として，注入用スイッチSW$_1$を押しながら，電極逆転スイッチを動作しても，LED$_1$が点灯しないときがあります。これはベースとエミッタ間の動作不良か，コレクタとエミッタ間の内部断線ということになります。すなわち，オシャカなのです。

■ ダイオードをテストしたとき

次にダイオードの具合をみてみましょう。電極逆転スイッチSW$_1$をNPN側にセットします。こうすると，Ⓐの部分がプラス(+)，Ⓑの部分がマイナス(-)になります。そこで白色のワニグチクリップをダイオードのアノード(+側)，また黒色のワニグチクリップをカソード(-側)に接続します。トランジスタではないので，黄色のワニグチクリップは使いません。ほかの部分とショートしないように注意しましょう。したがって，注入スイッチSW$_2$も押すことはありません。

ここでLED$_1$を見てください。もし点灯しなければ，ダイオードの内部が断線

状態で，不良品です。

では点灯したらOKか？そうともいえません。なぜかといいますと，ダイオードの内部がショートしている場合でも点灯するからです。ショートかショートでないか，野球ではありませんが，ここで電極逆転スイッチをPNP型側に切り替えてみましょう。

(A)の点がマイナス(−)，(B)の点がプラス(+)に変わります。ですからテストされているダイオードに逆方向電圧が与えられることになったわけです。もしダイオードが正常であれば，いままで点灯していたLED_1は消灯します。もちろんLED_2も消灯しています。

もし，テストされているダイオードがショートしていると，LED_2の回路が構成され，電極逆転スイッチの切り替えに応じて，LED_1とLED_2が交互に点灯します。こんな場合もやはり，テストしたダイオードは，悲しくもオシャカなのです。

■ 製作します

図3.109に示してある部品リストにたがって，部品を集めましょう。ケースはパーツ店で求められるもので，小型プラスチックケースです。ハンダゴテなどで熱を加えると，簡単に穴開け加工ができます。図3.111に結線図を示しましたの

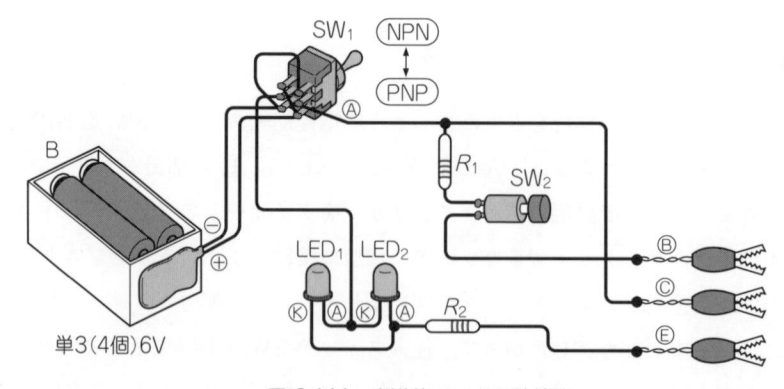

図3.111 半導体テスタの結線図

で参考にしてください。

　ここでスイッチについて，説明しましょう。電極逆転用スイッチ SW_1 は，二極双投トグルスイッチというものです。小型のものを選んでください。注入用スイッチは，小型押しボタンスイッチで，手を離せばすぐもどるタイプのものです。

　ところで回路中の LED が逆に電圧がかけられるのに心配ないのか？と思われるかたがいらっしゃるかもしれません。でも心配ないのです。LED_1 と LED_2 は，逆方向に並列接続されていますね。ここがミソなのです。

　片側が点灯しているときには，消灯している側の LED の逆方向電圧は電源電圧ではなく，点灯している LED の順方向電圧（約 2V）になるからなのです。しかしテスト用の端子には 6〜7V の電圧が発生していますから，危険なわけです。その他のゲルマニウムダイオードやシリコンダイオード，それにトランジスタなどは，十分な逆耐圧をもっていますので，心配がありません。

索 引

■ あ 行

R・Sフリップフロップ回路　133
AND回路　128
アルカリ電池　18
アルカリマンガン電池　18

NTSC方式　99

OR回路　128

■ か 行

ガス放電管　33

検波　80

鉱石検波器　80
コルピッツ式　93,99

■ さ 行

再生　89

C-MOS　78
JKフリップフロップ回路　133
ジャンプワイヤ　24
自己バイアス回路　64
時定数回路　37,66

真理値表　128

スナップ　51

再生式受信機　89
積分回路　66

■ た 行

ダーリントン接続回路　62
単安定発振器　104

低電圧オーディオパワー増幅器IC　111
電圧制御型発振器　74
電気ハンダゴテ　21
電工ペンチ　22

ドライバー　24

■ な 行

NAND回路　130

2進計数回路　134
2値の世界　128
ニッカド（Ni-Cd）電池　19
ニッパー　22

ネオン　33

ネオンランプ　33
ネジ回し　24

NOT回路　130

■ は 行

倍電圧整流回路　87
バイナリーカウンタ　134
ハンダ　22
反転回路　127
半波整流回路　37

PLL　78
ピンセット　24

VCO　74
フラックス　22

フリーランニング・マルチバイブレータ　106
ブレッド・ボード　24
フレミングの左手の法則　113

■ ま 行

マルチバイブレータ　45
マルチバイブレータ回路　59

■ ら 行

ラジオペンチ　23

レフレックス方式　85

■ わ 行

ワンショット・マルチバイブレータ　104

〈著者紹介〉

西田 和明
にし だ かず あき

第1級アマチュア無線技士（JA1ISN）
学 歴　東京電機大学工学部機械工学科卒業（1967年）
職 歴　日本電気（株）
著 書　「たのしくできる やさしい電源の作り方」（東京電機大学出版局）
　　　　「たのしくできる やさしい電子ロボット工作」（東京電機大学出版局）

e-mail　kazuchan@mvh.biglobe.ne.jp
URL　　http://www2u.biglobe.ne.jp/~kazuchan/

たのしくできる
やさしいエレクトロニクス工作

2000年4月20日　第1版1刷発行　　著　者　西田和明
2002年6月20日　第1版3刷発行

　　　　　　　　　　　　　　　発行者　学校法人　東京電機大学
　　　　　　　　　　　　　　　代表者　丸　山　孝　一　郎
　　　　　　　　　　　　　　　発行所　東京電機大学出版局
　　　　　　　　　　　　　　　　　　　〒101-8457
　　　　　　　　　　　　　　　　　　　東京都千代田区神田錦町2-2
　　　　　　　　　　　　　　　　　　　振替口座　00160-5-71715
　　　　　　　　　　　　　　　　　　　電話　（03）5280-3433（営業）
　　　　　　　　　　　　　　　　　　　　　　　（03）5280-3422（編集）

印刷　三功印刷㈱　　　　　　　　Ⓒ Nishida Kazuaki 2000
製本　渡辺製本㈱
装丁　高橋壮一　　　　　　　　　Printed in Japan

＊本書の全部または一部を無断で複写複製（コピー）することは，著作
　権法上での例外を除き，禁じられています。本書からの複写を希望さ
　れる場合は，日本複写権センター（03-3401-2382）にご連絡ください。
＊落丁・乱丁本はお取替えいたします。

ISBN 4-501-32070-2　C 3055

Ⓡ〈日本複写権センター委託出版物〉